MILLENNIUM丛书

芬特雷斯·布拉德伯恩

徐枫 李军 胡林 译
宋晔皓 校

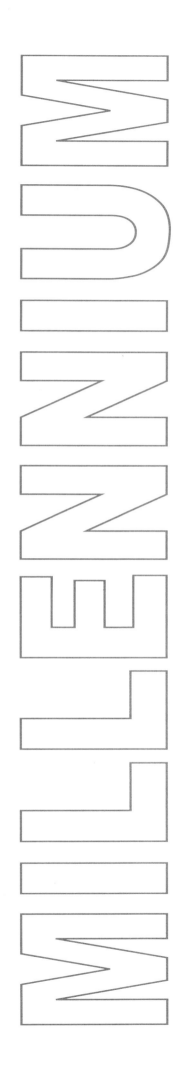

中国建筑工业出版社

MILLENNIUM丛书

芬特雷斯·布拉德伯恩

徐枫 李军 胡林 译
宋晔皓 校

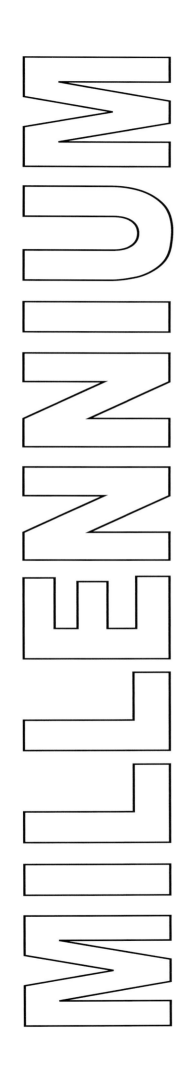

中国建筑工业出版社

著作权合同登记图字：01-2003-4474号

图书在版编目(CIP)数据

芬特雷斯·布拉德伯恩/澳大利亚Images出版集团有限公司编；
徐枫等译.—北京：中国建筑工业出版社，2002
(MILLENNIUM丛书)
ISBN 7-112-04978-4

Ⅰ.芬... Ⅱ.①澳...②徐... Ⅲ.建筑设计－作品集
－美国－现代 Ⅳ.TU206

中国版本图书馆CIP数据核字（2001）第098956号

Copyright © The Images Publishing Group Pty Ltd 2001.

All rights reserved.Apart from any fair dealing for the purposes of private study,research, criticism or review as permitted under the Copyright Act, no part of this publication may be reproduced, stored in a retrieval system or transmitted in any form by any means, electronic,mechanical, photocopying,recording or otherwise,without the written permission of the publisher.

本套图书由澳大利亚Images出版集团有限公司授权翻译出版

本套译丛策划：张惠珍　程素荣
责任编辑：程素荣
责任设计：郑秋菊
责任校对：赵明霞

MILLENNIUM丛书
芬特雷斯·布拉德伯恩

徐　枫　李　军　胡　林　译
宋晔皓　校

*

中国建筑工业出版社出版、发行(北京西郊百万庄)
新　华　书　店　经　销
东莞新扬印刷有限公司印刷

*

开本：787×1092毫米　1/10
2004年6月第一版　2004年6月第一次印刷
定价：188.00元
ISBN 7-112-04978-4
TU·4440(10481)

版权所有　翻印必究
如有印装质量问题，可寄本社退换
(邮政编码 100037)
本社网址：http://www.china-abp.com.cn
网上书店：http://www.china-building.com.cn

目　录

9　前言　柯蒂斯·沃思·芬特雷斯
11　绪论　约翰·莫里斯·狄克逊

精选及近期作品

近期作品

18　汉城仁川国际机场乘客航站楼
34　地区交通委员会和地区洪水控制区总部
42　科威特金融公司大厦
46　科罗拉多会议中心扩建
52　大卫·E·斯凯格斯建筑综合体（国家海洋大气局研究实验室）
62　西雅图——塔科马国际机场中央航站楼扩建
68　拉夫兰警事和法院楼
70　科罗拉多州议会大厦逃生安全系统更新
74　百老汇421号修复／扩建工程
78　苏里亚自由综合体（古晋城镇中心）
80　研究综合体Ⅰ（科罗拉多大学健康科学中心）
88　切里希尔社区教会礼拜堂
90　J·D·爱德华＆Co.公司园区

竞赛项目

96　科拉克县政府中心
112　自然资源楼
118　拉里莫尔县司法中心
124　市镇中心停车楼
126　新建马德里航站楼区／巴拉哈国际机场
132　维也纳机场扩建
134　休斯中心
142　AEC设计竞赛，1996年
144　大教堂城市民中心

特殊项目
- 150　国家野生生物艺术博物馆
- 166　丹佛国际机场乘客航站楼
- 176　丹佛许可证中心
- 180　特里奇大厦改建和里亚托咖啡厅
- 184　西奈礼拜堂
- 188　棕榈海湾海滨度假村
- 192　IBM 客户服务中心
- 196　巴波亚公司总部
- 198　加拿大海湾资源有限公司

设计方案
- 202　鸟巢设计，1998
- 204　科隆会议中心火车站
- 206　萨克拉门托摩天大厦 A
- 208　慕尼黑机场第二候机楼
- 212　国家恐龙化石发掘博物馆
- 214　科罗拉多州历史博物馆扩建
- 216　中部加利福尼亚历史博物馆
- 220　科罗拉多克里斯蒂安大学

公司简介
- 226　竞赛作品精选
- 227　获奖项目精选
- 229　建筑、项目及获奖作品年表
- 247　致谢

前　言

材料生成

柯蒂斯·沃恩·芬特雷斯，FAIA

Making It Material

Curtis Worth Fentress, FAIA

　　我一直都受直觉引导着，发自本能地工作。几乎整整30年的建筑实践活动所形成的关系已经成为一种自然而然的结果。通过它，我不但可以选择去做什么项目和设计什么风格，而且还可以选择让谁在我身边一起工作。

　　我是一个以分析为基础来做出回答的人——不过这分析仅仅是作为直觉性估计的基础。对我而言，在所有的因素中，一个人的感觉——对场所、事件或环境的感觉是最为重要的。而建筑实践就是为其他人创造这种感觉的事务。

　　理论来源于实践，而不是什么别的途径。一直是直觉引导着我；实际上只有经过再三考虑，才有可能在事后看出这种直觉性选择所支持的究竟是怎样的原则。这是很令人担心的一件事——它可以是反复无常的，是随意的；是在某人的判断中只能被信仰支持的东西。现在，从我经历的那么多的实践工程中很容易看出在我们所承接的各种类型任务中的共同思路。

　　为某个地区或在某种环境中做设计——正如芬特雷斯·布拉德伯恩事务所的项目中所体现出来的特点——对我们而言似乎已成为我们按直觉行进的一种自然而然的结果。从一个单个的人那儿无法获得一个场所的感觉，也无法从虽然居住在那儿却与周围环境没有任何联系的人们那儿获得这种感觉，因为正是这些环境构成了那里的地形、习俗、文化、社区或工程性质。而这些都会被反映到建筑中去。不能够只听取一个客户，一组董事或一个完整社区的需要，而不去感受要把建筑放置在现有环境中的需要，不去注意建筑和地景及建筑环境的协调，不去感受将住在里面的人们的意愿。建筑就在人们四周，人们并非在真空中存在，或在一个其他人无法触及的艺术化的太空中生存。在建造行政大楼之前，我们必须"理解"沙漠地带和科拉克县的人们。体验韩国庙宇，获闻皇家列队行进来帮助我们把汉城仁川国际机场做成以某种方式迎接旅客的形式，在国家海洋及大气行政署波尔得(Boulder)研究实验室的科学家和周围社区进行的交流，使得大卫·E·斯凯格斯综合大楼能够成为一处为每一个人服务的建筑。

　　由于我们的直觉手法和对我们而言地区和环境的重要，人们的舒适度成了我们工作的出发点。但这绝不仅仅是创造一处宜人空间或是领取行李的步行距离短些那么简单，也不仅仅是建一个容易通过的市政建筑。我所说的那种舒适是一种更高质量的舒适，那是一种自在的感觉，是一种在现在这个人心浮躁的时代中越来越少的感觉。这就是我一直以来的使命；在任何一个给定的环境中，都要塑出它所意味的内涵，让人们通过建筑来感到自由自在——也就是造出能形成那种感觉的材料。

　　对我而言，这个过程的第一步是要为地域和民众找到一种感受。建筑师在基址上行走的过程中，在参观最受尊崇的文化和最普通的基址时，他可能会有和黏土的接触，这正如对那种感受的接触一样，那种感受可能来自于一场谈话，一时的旁观，一阵痛苦的观望，或是在公众会议中的一次感情迸发，但是，这就是真正的原生材料，伟大的建筑就在其中诞生——这就是那些人们的意愿和恐惧，需求和向往。设计是一种炼金术，它始于对一座新建筑的愿望，却不是由建筑师的想象来完成的，而是由人们，由人们所知道（甚至是无意识）的"舒适"，这个词的最深层含义来形成的。

　　正是这一点支持着我们在数十个公众投票会上得以通过，使我们在克服国外地域上进行建筑创作的困难。每当我们听到或看到，或在某种情况下接触到客户内心深处的时候，这种困难就会出现。他们内心想知道，所创造出的建筑精神实际上到底是什么。我相信，这只能靠直觉才能抓得住，理论在这儿不起作用，风潮和模式都无法对此种信息作出反应。对我而言，本能和直觉，就是引导的力量，通过它，才可能感知这种舒适的实质，从而把它变成一种"材料"。

绪 论

广阔平原上的远大目标

约翰·莫里斯·狄克逊,FAIA

High Goals on the High Plains
John Morris Dixon,FAIA

丹佛是一个对比反差强烈的城市,大平原一直向西,绵延数百英里,渐渐抬高,也渐渐空旷,直到和山脉相汇。崛起于这样一个交汇地带的大都市也具有两面性。在很多方面,它无疑是这一广大地区的商业中心,而且现在拥有了足以自豪的直达欧洲的航班。可是那清晰可见的山脉还不时地在提醒丹佛的居民,这是一个滑雪和垂钓的世界,这是一个可以点露营火堆和让人为之牵挂的世界。在这儿,当然有可能急速发展,但却决不会像纽约或芝加哥那样。

在建筑领域,丹佛在科罗拉多之外一直有几个经认可的公司和代办处,但是芬特雷斯·布拉德伯恩事务所却是第一个在亚洲设计有600万平方英尺(约55.8万m²)那么大的飞机场的公司。同时,公司还在丹佛建成了最重要的地景:该城巨大的机场航站楼,城市市政中心,在城区边缘一个新的职业足球体育场(和HNTB体育运动商共同设计)。除了在丹佛,这些建筑师的技艺还表现在数量惊人的各类作品中,机场、政府中心、图书馆、博物馆、办公建筑、办公室室内——甚至热带景观。

芬特雷斯·布拉德伯恩事务所成功地把一个东海岸大公司的见识和雄心移植到了落基山脉的脚下。就像其他任何迁徙植物一样,它必须要适应丹佛的东方户外型的文化,还要在这个并不想要一个国际竞争对手的地方扎下根来。

使芬特雷斯·布拉德伯恩事务所成为一家国际知名公司的关键是因为它在设计竞赛方面的贡献。在那些早已成立的大型公司回避设计竞赛的时候——即使这是它们早期获得成功的原因——芬特雷斯·布拉德伯恩事务所还是保持了参加竞赛的劲头。在通过赢得科罗拉多社区中心竞赛而实现的早期成长之后,公司还参加了其他更多的竞赛,(本书包括了其中的九项竞赛),其中包括那项大型的亚洲项目——韩国的门户机场。

在狭胜的竞赛设计中显示出公司产品的一种独有的原则是,他们从不像其他建筑师那样,靠一些看起来怪异的设计来赢得竞赛。他们的竞赛设计通过激动人心而又值得纪念的形式,紧密地结合所在地域和功能,对业主的信仰做出谨慎的回应。这样,他们赢得了对获得设计任务最为关键的来自当地的支持。

支持他们设计的一个主要原则是不要强加一致的外形。公司所设计的建筑,其独特之处所依据的是地方场所和目的。在像机场这样的大规模的工程中,建筑师经常以一种夸张的结构观念为基础。但是,无论是什么

1

2

1　新建野马体育场,右边为现有体育场
2　体育场,建造景象

样的规模,建筑都要表达出场所的特性——用当地的材料和传统在景观和都市景象方面形成微妙的协调。丹佛机场为它的先进技术而自豪,因为那是航空旅行中最重要的,另外,它还通过对落基山脉呼应的水平轮廓,显示了它在那场平坦地景中极其重要的作用。而另一方面,国家野生生物艺术博物馆由于被揉进了当地的外露岩层中,而完全变成了美洲本土的一处古老废墟。

无论建筑的形象是什么样的,它们的设计总是建立在使用者经验的基础上的。尽管这种使用者的经验开始的时候是一个初始的形象(这一点非常重要),可它还是要演变成入口,演变成室外最终的形象,室内空间,内部路径的清晰性和趣味性及各种房间对其角色要求的适应。他们所做的作品中,有许多建筑作品的形式和技术都是独一无二的,但是这些作品的最终目标,用一位合伙人的话来说,就是:"要给最终使用者在物质上和精神上以舒适"。

3

3 休息厅,丹佛中心剧院(罗奇·迪克隆)
4 阿莫科摩天楼,丹佛(科恩·帕德森·福科斯)

4

做到这点

从他们1980年成立公司的那一天起,创业合伙人柯蒂斯·沃思·芬特雷斯和詹姆斯·亨利·布拉德伯恩就已经做好准备要承接大型的委托任务了。两个人在这之前在丹佛都为各自的公司负责过主要项目,已经习惯处理这样的事务。芬特雷斯,在KPF(Kohn Pederson Fox)事务所纽约公司中,完成了阿莫科摩天楼的主要设计工作后,来到丹佛负责该项目的施工阶段工作。布拉德伯恩也差不多,他是作为国际上颇受尊重的罗奇·迪克隆的康涅狄格公司代表来到丹佛的,负责丹佛行为艺术中心工程的实施工作。

在专业技术和个人秉性方面,两个人就像其他的卓有成效建筑师组合一样,彼此协调配合。芬特雷斯是设计的负责人,他是一个精力充沛而善于表达的人。这段时间里他就像搞具体设计的人员一般,即是设计的审核者,又是设计的完善者。布拉德伯恩,则提出专门的专家报告来支持新的不同寻常的设计概念,以确保设计文件和施工能十分可靠的完成。

除此之外,这两位主要成员在乐观和敬业方面也极其相似。

柯蒂斯·芬特雷斯曾在贝聿铭事务所工作过五年,于1976年即KPF公司成立三年后的第六位设计师,他看到公司(其领导者有丰富的大公司经验)很快的就赢得了位置分散的大的项目。不由得想起了那时纽约建筑思潮的酝酿——那些思潮来源于建筑城市研究会机构的一些事件和哥伦比亚大学的一些演说。可是,以后,随着家庭生活更加稳定,他决定不再回纽约了。吉姆·布拉德伯恩则是受到约翰·迪克隆的提拔,那是一位

绪论 **13**

因实施罗奇·迪克隆遍布各地具有高度观赏性作品中的艺术结构系统和细部而知名的建筑师。作为一个更喜欢开敞空间而非明亮灯光的人，布拉德伯恩也决定呆在丹佛，由于两个人的好运气，他们走到了一起。

合作事务所的目标，据芬特雷斯说，是要"开创一家公司，要能做出像他们曾为之工作过的那些公司的作品一样的建筑"——不过是在丹佛的公司。布拉德伯恩尽管平时很低调，可回想起他们的目标，更具雄心壮志的他说，他们以前所在公司的作品只是"一个最低标准，我们必须比那更好"。

当然在建筑实践中，作好承担具有挑战性工作的准备并不就是有了这样的工程。"'从纽约来的'这一点还是有帮助的"，芬特雷斯回忆道，在这样一个城市里，一直都是找东海岸的公司来作它的主要项目的。之后他们开始了解在丹佛有影响的人士。他们的第一项委托任务是在城郊的开发局办公楼，同时办公建筑在他们的建筑实践中也占了很大的比例。使他们获得飞速发展的一个主要阶段是在1981年赢得了百老汇办公楼，这是一座位于城市商业区中心地带的44层的塔楼，这座塔楼由于和在同一街区完好的老教堂取得和谐而受到了关注。

公司的业务仍在扩大，在1987年，获得丹佛市科罗拉多市政中心区竞赛的胜利后，他们获得了更多有观赏性的多种工程任务，这个1.25亿美元的项目使他们进入了另一个档级。这时，他们已和许多大公司如贝聿铭事务所处于同一行列（在这儿，他们已经完成了要扩大中心区两倍的规划，同时还要重新安排原有结构的模式——这样的工程并没有靠竞赛，而是靠他们以前在这里所做的项目而赢得的）。

之后的大飞跃是1991年到1994年设计丹佛国际机场，各期到位的资金总共有4.55亿美元。市政中心区的项目，已经证明他们有能力按时按预算完成大型项目，在此基础上芬特雷斯·布拉德伯恩开始被委派到外地的派尼斯公司去做建筑师。这时，派尼斯公司是被选来设计机场的。当那个公司的计划结果显示超出预算7500万美元时（当时，按丹佛市长的说法是也没有什么纪念性），芬特雷斯·布拉德伯恩受命以设计者的身份介入，重新设计以满足预算要求。业主还要求他们为自己的方案提出替换方案——如果他们能在三周内提出使人信服的方案的话。对这一挑战的反应是：做成符合预算的新式建筑结构，并成了丹佛的重要一景。

这个主要机场客运站的完成使他们有机会和其他竞争对手在世界范围内竞争，可是，就像芬特雷斯解释的那样，他们得到第二次做飞机场的机会已经是在他们所做的第一个机场建成并投入运营五六年之后的事了。在那之前，你同时还要能达到这个迅速发展地区的新的期望。公司已经受邀参加了五个机场设计竞赛，有两次失败（曼谷和马德里），两次成功（韩国的汉城和卡塔尔的多哈），另外一次是获得了荣誉提名，而且有很大的优势。

由于丹佛机场的委托任务规模巨大，使它在另一个重要的方面对公司产生了帮助，它为公司能在设计竞赛中有杰出表现提供了经济基础。当机场的设计工作还在图纸阶段的时候，公司就已经同时能赢得许多项目，像1989年华盛顿奥林匹亚的办公楼和州立图书馆，1992年俄克拉荷马城的国家牛仔荣誉礼堂，1992年内华达州拉斯韦加斯的科拉克县政府中心。这些委托任务不仅使他们在政府设施和博物馆的设计领域里获得了良好的声誉，而且还使他们的业务范围第一次扩展到了科罗拉多之外的地区，可见的地理限制被打破了，他们开始向政府办公综合楼方向前进。

合伙人致力于设计竞赛来赢得项目，部分原因是来自于他们良好的竞赛获胜记录，但是即使是失去参赛资格对公司来说也是很有价值的。芬特雷斯说，你仍然可以以你的设计给潜在客户以印象，你的设计团队对他们深入研究问题的解决方式进行比较的过程会是一次极难得的学习机会，设计竞赛同时也是使工程实践多样化的难得机遇，因为并不需要展示以前同类型工程的经验——就像前面提到的政府工程一样。

不过，对于在设计方面有很大抱负的公司来说，设计竞赛的另一个好处就是举办竞赛的客户就是典型的要寻找有说服力的、不保守的观念的客户。公司的成员用这样的机会来更加自由的形成观念。总结所有其他这些设计竞赛的优点，芬特雷斯说，就是他们代替了许多市场方面的努力。他带着略显过度的谦虚说，你不需要一个"门面人"，不需一个像这个词里所表示的那样一个有魅力又有说服力的人。尽管美国的建筑师一直都在抱怨竞争花去了他们太多的金钱，但那也只是一个把钱和主管的时间花在哪儿的问题——是花在员工的工作上还是花在市场宣传材料、旅行和娱乐上。

然而，芬特雷斯也许并没有考虑到他自

己就是一个理想的"门面人",他有足够的聪明来与客户打交道。例如,他指出,开发商客户和公司的首席执行官想看到的仅仅是充分考虑的概念设计,对此,他们接受或是拒绝都很快。对于政府部门的客户——或是任何集体做决定的客户,——关键是要显示出分阶段的概念,使它们在每个阶段都能得以实行。即使你实际上已经完成了设计,也要这么做。面对一个已经充分发展对他们而言又是全新的概念,这样的一个群体很有可能会把它弄得支离破碎。

芬特雷斯同时强调,就像其他那些最成功的公司一样,该公司在接受大型项目的同时也对做小型项目保持着一贯的兴趣。小一些的项目为公司员工提供了很好的机会,把水平提高到能担当主要责任,这些小的项目还是很好的智力性挑战,能够非常明显地扩展公司的经验。例如,伦斯塔(Ronstadt)交通中心(在亚利桑那州的图森)——其实就是一个开放的公交站——就使设计团队在处理交通车辆和公众团体方面有了很好的经验,同时使他们在环境呼应方面得到良好的锻炼。

执行中心

芬特雷斯·布拉德伯恩事务所的办公室就是公司的一个缩影,它并不在丹佛的商业区,而是位于离市中心大约10分钟车程的商业街上,在这儿公司可以免费就地停车,还有一座有充足阳光和转角房间的大楼(这座楼最初是租用的,现在是他们自己的资产)。在入口里面是一处别有意味的大厅,带有展示厅的性质,这里有一打乃至更多的模型在展出。走上旋转楼梯是一处小厅,常放的是现在正在进行的工程的模型,有些模型就是在这儿做的。四周是办公室和会议房的门。在这层有一间大而高的草图室,草图室三面是连续条窗,中间是宽敞的工作空间。在分隔区里和上边的玻璃框里展览的是工程的照片和表现图。第三层的绘图室是一个大而高敞的集中空间,这处空间有许多潜在的用途,比如:前些天,就在这里接待了一个客户机构的三十多位代表,这些代表来和公司的部分员工一起参加关于概念化的会议。

没有丝毫奢侈的迹象——除了极其充足而令人羡慕的阳光和空间——自打租用这个建筑开始,一直都没有花什么力气来使这栋建筑增加什么高雅的气氛。这是一处实效至上,忙而不乱的工作空间,这是一座创造"有创新精神建筑"的实验室,不是一座建筑师成就的纪念碑。当芬特雷斯·布拉德伯恩事务所的目标和成就也许在许多方面都来自东海岸的时候,这里的习惯和气氛仍然完全是"科罗拉多"式的。公司确实是在丹佛,可是它却在向世界发出自己的声音。

约翰·莫里斯·狄克逊,FAIA,是在康涅迪格州老格林威治镇的一位作家和编辑,同时是《进步建筑》(*Progressive Architecture*)杂志1972年到1995年的主编。

5　为讨论政府园区规划而召开的员工会议

近期作品：
Recent Works

汉城仁川国际机场乘客航站楼
Seoul Inchon International Airport Passenger Terminal

设计／竣工　1993/2001
仁川岛，韩国汉城
韩国机场建设管理局机场
公司角色：建筑设计师
5,935,000平方英尺／551,362m²
46道门，3500万旅客／年
预制混凝土外墙板，外包花岗石柱，上漆的钢管构造的桁架，绿色绝缘玻璃，外包铝板，点式玻璃系统，单层薄膜层顶，不锈钢计票器，花岗岩，木头
地区：韩国
环境：两个岛屿之间的大陆桥

1

汉城仁川国际机场位于黄海里两座岛屿间的一块人造大陆桥上，这里位于韩国汉城(城市中心)以西50公里处，占地将近600万平方英尺(约55.8m²)，建造费用达11亿美元。航站楼围绕一个大厅来组织，这个大厅里容纳了机场指挥中心，交通系统，及旅客服务设施。到2001年初开放的时候，机场会有46个连接宽体大门，加上全部完工后的四个卫星大厅，机场将会有174个旅客通道，届时每年可以接待10亿名旅客。从汉城仁川出发，到40个百万人口以上的城市的航程都在三个半小时以内，这种地理位置的优越性，使它成为一个地区性的纽约。

在与KACI(韩国国际建筑师合作协会)的接触过程中，芬特雷斯·布拉德伯恩事务所在一项国际竞赛中以全票同意的结果获得了设计乘客候机楼的委托任务。在这次竞赛中还有像巴黎机场设计公司，HOK事务所，SOM事务所，里奥·A·达利事务所；路易斯·伯格国际及DMJM事务所等。

芬特雷斯·布拉德伯恩公司的建筑师们，没有采用大多数机场那种冷漠、没有个性、高技术感觉的设计，而是决定突出"温暖"和"欢迎"的感觉。在这个设计中，把韩国丰富的文化传统贯穿到了机场设计中，以一种既明白又微妙的方式，使汉城仁川机场不但成为该地区一处具有纪念意义的门户，而且成为了疲惫旅客的天堂。

乘客航站楼自身为一个具有欢迎意味的弧形来"拥抱"旅客，屋顶的立柱悬索支撑系统和不远处停锚在仁川港中的巨轮争相辉映。屋顶柔和的曲线中可以看到韩国古老宙宇屋顶曲线的味道，外墙上并置着大地和天空的传统图形；大大小小的龙的形象，使航站楼"天"的一边和"地"的一边区别开来，地的一边都以"虎"来标志出来。

结构系统的列柱形成了传统宫殿柱廊空间的那种韵律和图形感。这种列柱使天和地更加和谐的融合在一起。地面上的图案给在机场里行进的旅客无声的引着路，就像古代韩国建筑中给皇家行进仪仗队引路的线条一样，阳光通过天窗洒在机场大厅里，散发着韩国传统室内花园的气息。在往下主要的候机楼所在的开放楼层上，都让自然光直达综合楼的运输平台上。

旅客的舒适和方便以"旅客传送器"表现出来，这种设施使得旅客在没有帮助的情况下最多只要步行400英尺(约122m)，周围是暖色调的对使用者显示出友好态度的空间设施，方便的休息空间和工艺精湛的各种设施。

"……我们(建筑师)有我们的讨论和标准，那就是我们不想让这个建筑像是在芝加哥、纽约、洛杉矶、巴黎或其他什么地方的建筑，我们希望它感觉是在韩国而且是属于韩国的。你可以在这个建筑设计中看到我们对这一理念的贯彻，当我有机会看到其他9家参赛作品的时候，你会发现你可以把其他的参赛作品放置到世界上其他的某一个城市中去。"

柯蒂斯·芬特雷斯，竞赛杂志，1995年秋

1 全景
2 夜景 候机楼在左边，大厅向右边延伸出去

汉城仁川国际机场乘客航站楼

左页图:
  玻璃幕墙向外边登机道一侧倾斜
4 登机道从大厅圆形的尽端伸出来

5 大厅剖面
6 主通道剖面，包括左侧的大厅
7 屋顶的桅杆参照了附近仁川港的船
8 登机道的幕墙映射着大厅的形象

9
9 玻璃幕墙通过拉索桁架固定起来
10 东边的遮阳设施表现出亚洲建筑的特点

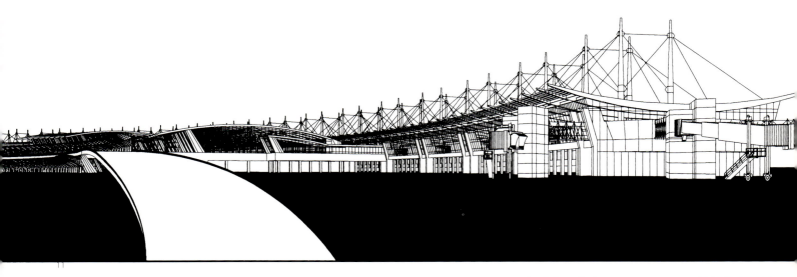

11　主大厅的线描图
12　两层的花岗岩构架登机道入口伸入大厅
13　在大厅侧翼天窗上的桅杆
右页图：
　　束边弧线上的遮阳设施

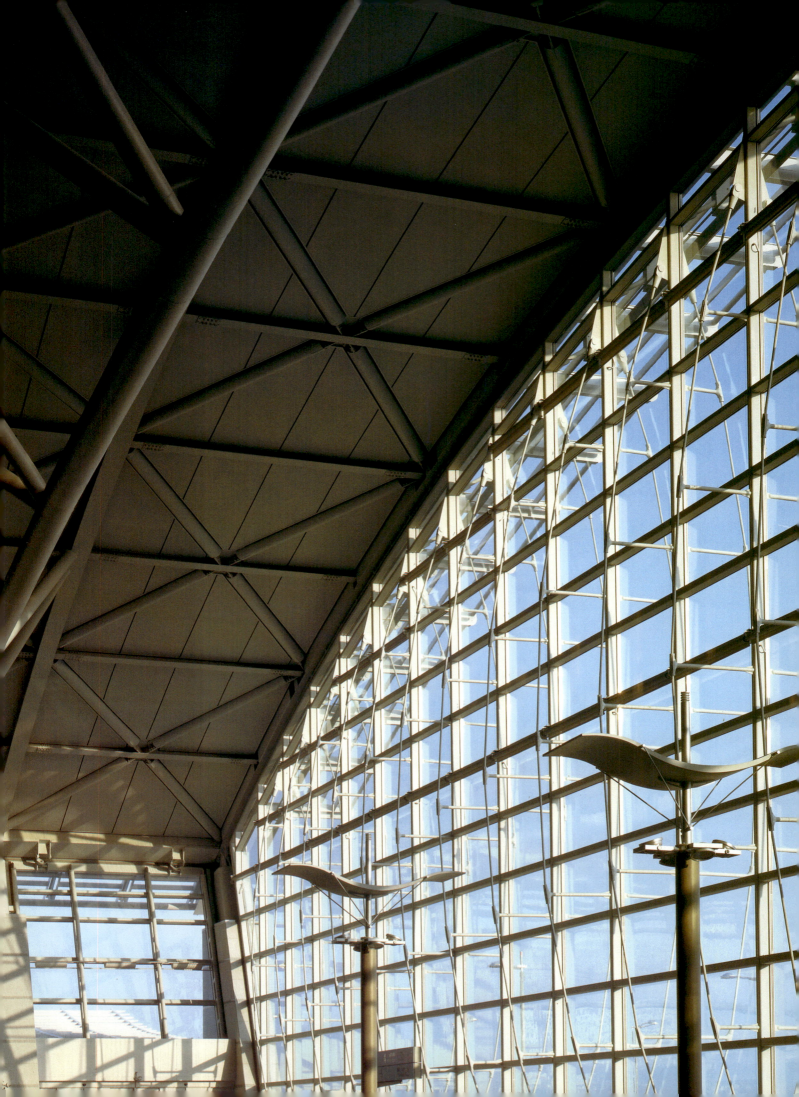

16

17

左页:
波浪状的灯具和幕墙格栅形成对比
16 豪华大厅中的针叶树
17 灯的波形片呼应着树木

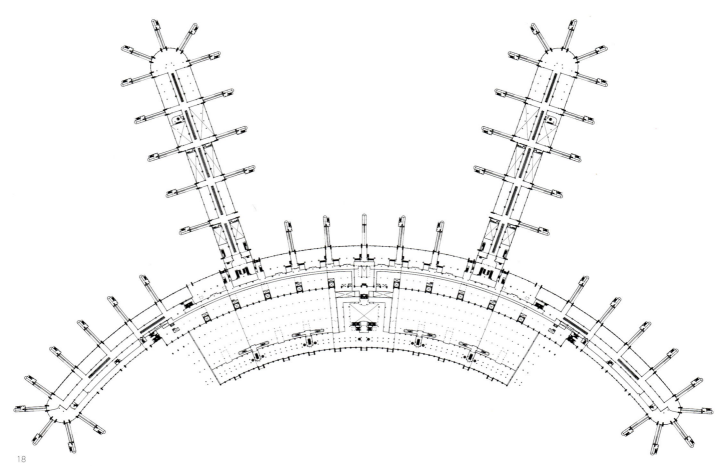

18

18 乘客航站楼平面
19 倾斜玻璃幕墙附近的咨询台
右页图：
    阳光斑驳的大厅天窗

19

21

22

23

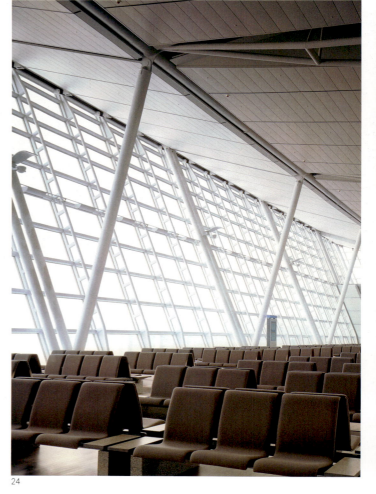
24

25

21　出口的梁柱系统
22　为室内庭园栽培植物而设的天窗
23　大厅夜景
24　在等候区的玻璃幕墙斜面
25　取行李处

地区交通委员会和地区洪水控制区总部

Regional Transportation Commission and Regional Flood Control District Headquarters

设计／竣工　1995/1999
拉斯韦加斯　内华达州
地区交通委员会和地区洪水控制区总部
市政办公建筑
公司角色：建筑设计师
70,000 平方英尺 /6,503m²
沙岩　玻璃
地区：沙漠
环境：拉斯韦加斯
隐喻：峡谷岩壁和沙漠冲刷地

这座建筑是科拉克县政府中心的姐妹建筑。它通过波浪形起伏的立面墙和粗质石材外立面对科拉克县的沙漠景象给以简要的概括。

建筑的形状和政府中心大相径庭。政府中心是一个更加公众化因而也更加开放的建筑，而这座建筑（RTC/RFCD）只有政府中心 $\frac{1}{5}$ 大小的规模，采用了盒子形峡谷的形式，让这处生动的空间把在"沙漠庭院"中的来访者围绕起来。入口位于峡谷壁墙的南面，由于高墙的阴影和雨棚，使得院子一天中大部分时间都处在遮蔽中。在院子的中央是一处低矮的喷泉，泉水轻轻地喷洒在一块大石头上。

在庭院南立面和东立面上的有顶步行廊使得来访者免受毒日头的曝晒。自然的植被，石质的护根及巨大的石头形成了沙漠的景观，在岩石缝隙中生长的草木更强化了这里的"峡谷"形象。

节能和节水的目标，通过尽量使用自然光，在建筑中使用低能耗补充光源，再加上低电耗玻璃来控制太阳能的吸收和热辐射的传递等综合措施来实现，另外，建筑西面成排的树木减弱了下午的西晒。

RTC/RFCD，是在科拉克县区 38 英亩范围内兴建的第二栋建筑，建筑凹壁尺寸和家具模数系统相配合，供大部分租户使用。尽管主要的立面是曲线的，可大部分的建筑周边仍然是以标准模数空间为基础来创造的。

1　鸟瞰 RTC/RFCD 和科拉克县政府中心
2　鸟瞰 RTC/RFCD
3　南立面
4　被围合的庭院水景

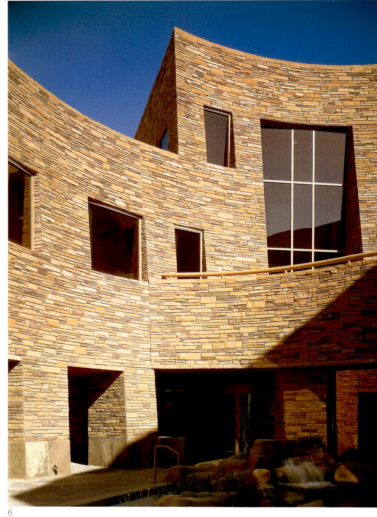

5　右侧是西立面，后面为政府中心
6　水平和垂直的墙面曲线
右页图：
　供职员休息的阳台
下页图：
　增加了峡谷意味的波形墙

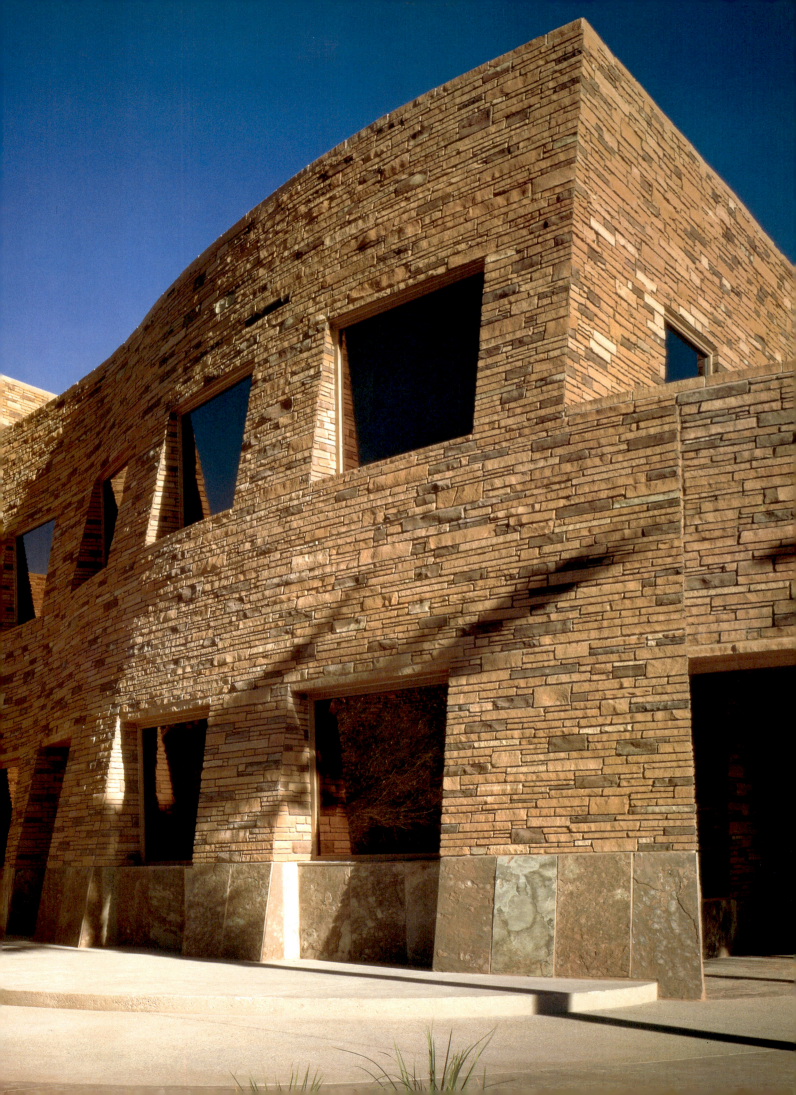

9 曲线的步行路延续了河床的颜色和质感,穿过整个庭院
右页图:
　洒满午后阳光的大厅

科威特金融公司大厦
Kuwait Finance House Tower

设计/竣工　1999/2003
科威特城，科威特
科威特商用楼
公司角色：建筑师
办公楼和休闲购物商场
30层——373,681平方英尺/34,715m²
220,560平方英尺/20,490m²
办公空间
153,121平方英尺/14,225m²
商用空间
地下层，停车楼，地面停车，共297车位
加劲混凝土和钢结构
花岗石和反光铝板幕墙外立面
地区：中东阿拉伯湾
环境：科威特城金融商业区
隐喻：阿拉伯湾的水

1

　　由于采用了最近提升的建筑标准，芬特雷斯·布拉德伯恩事务所把科威特金融公司大厦的高度提高到了30层约155m高，同时设计师们很想塑造出一种有当地意味的感觉，结果便有了这座高而直的建筑，它同时也成了该地区的一种比较含蓄的象征。

　　早期的设计概念倾向于一种更为有力、刚硬的形状，而最终的形象是一个高度精炼的，更加富于柔性的精致形象。水的形象在这里占了主导地位，为了突出对该地区极为珍贵的水这一资源的重要性，塔楼上部显现出微微的膨胀，反映出阿拉伯湾水的形象，为了更加与水相似，这一形状最后用反光的铝板幕置于前面，后面则采用了反光金属板。

　　曲线形的侧翼两边是直线形的护板。护板是由火焰抛光花岗石组成，这种材质和色彩的结合使建筑的基础部分有一种巨大体量向上膨胀的感觉，表现了大地的坚实感。就是这坚实的大地拥抱着流水的奔腾。

　　除了塔楼27层办公空间之外，裙房部分是由一个150,000平方英尺(约14,000m²)的商业大厅组成的，同时地面和地下停车场共可以停车约300辆。

1 早期的设计概念，有着粗大向上的刺状物，是不对称的
2 第二阶段平衡后的建筑特征
3 第三阶段开始精炼这种形状
下页图：
4 最后设计中闪光的曲线表达着水的意象
5 中心的背立面用反光的金属镶板饰面

科罗拉多会议中心扩建
Colorado Convention Center Expansion

设计／竣工　2001/2004
丹佛，科罗拉多州
丹佛县，丹佛城
集会、会议设施
1,500,000平方英尺／139,350m²
停车楼，可停1000辆车
地区：落基山脉脚下的高原
所在地：商业区城区边缘

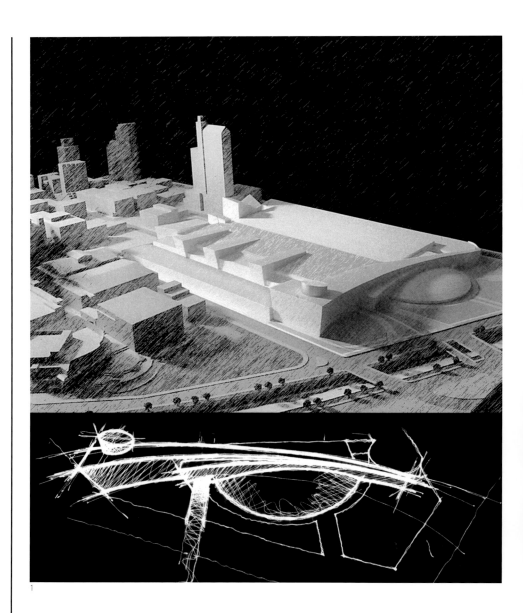

1

芬特雷斯·布拉德伯恩设计事务所，作为科罗拉多会议中心一期工程竞赛中的一匹黑马，在1987年凭借对"项目区位在商业区丹佛旅馆的步行范围内"的独到城市分析而赢得了竞赛。为了吸引更多的会议业务，城市投票决定在1999年启动会议中心的扩建工程，要扩大到原来的两倍以上，250万平方英尺。投票人赞成启动这项工程，并于2000年3月指派芬特雷斯·布拉德伯恩事务所来设计该项目的第二期工程。

新的城市设计概念要求对建筑的外立面做完整的再设计，这样就使这座城市有机会能给建筑创造一种新形象并丰富丹佛的天际线，芬特雷斯·布拉德伯恩事务所的设计强调在建筑沿大街的一面保持大体量的一致，而在和丹佛市商业区街区网格相连接的一面保持适当的城市尺度。

沿街立面是围绕一个位于建筑西南边的可容纳5000名观众的卵形报告厅来规划的。这个报告厅是整个建筑的一处附属建筑场，但也和附近的行为艺术中心取得协调，在沿市区的一边，建筑每隔一段距离就缩进一段，来隐藏它巨大的体量，同时和周围城市环境中的店面尺度取得协调。

会议室将会增加数目，并且要从建筑底部改到顶部，这是为了给来访者看到不远处落基山脉的壮丽景色。展览区将会扩大一倍，到6,000平方英尺(约558m²)的面积。到时候将会有12种以上的不同形状，其他设施还包括一个可停车1000辆的停车库。

其他的设计元素包括一个扩建的舞厅和新的会议空间，总共有80,000多平方英尺(约7,440m²)；还有在行为艺术中心和会议中心之间的一座行人天桥；底层餐馆；以及后期要发展的有1000个房间的会议宾馆。

1　电脑渲染图和卵型报告厅的草图
2　中心现有的会议设施

3

3 从城区这边看，后边对着的是山脉
4 新的展示大厅可以分成12种不同的形状
5 地下层平面

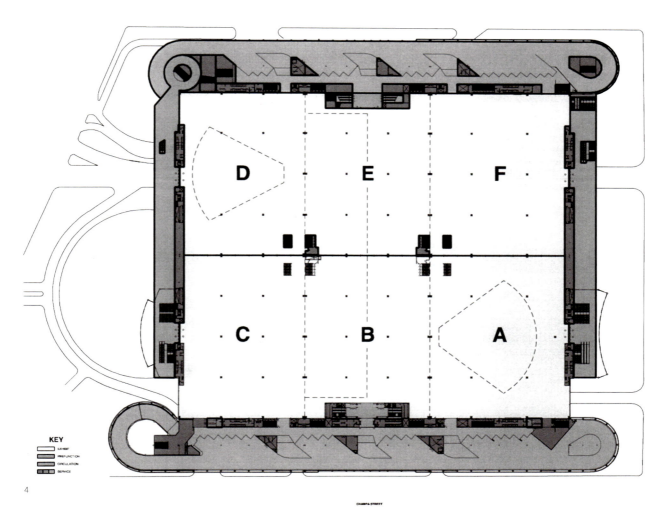

4

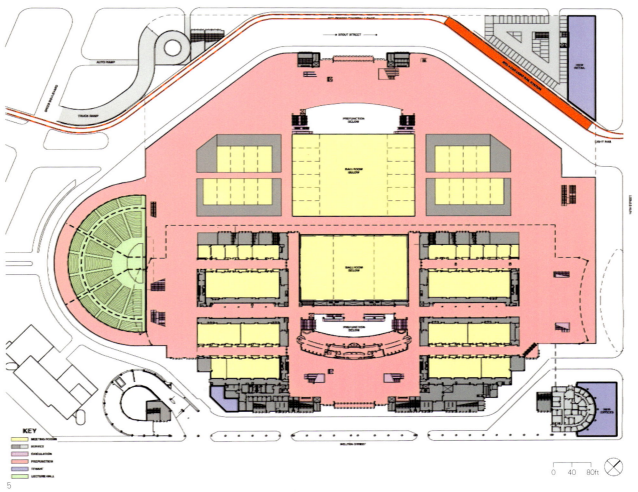

5

科罗拉多会议中心扩建 49

6 现有建筑的模型
7 对角线分割屋顶的设计概念，从市区的方向看
8 类似的概念，从大街这个方向看
9 卵形报告厅的设计概念
10 左边连接拱廊，早期的设计概念
11 有对角线分割屋顶的设计过程
12 通到第14大街的大台阶，在城市这边
13 可以看到山脉的屋顶平台

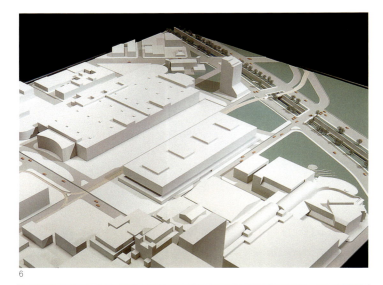
6

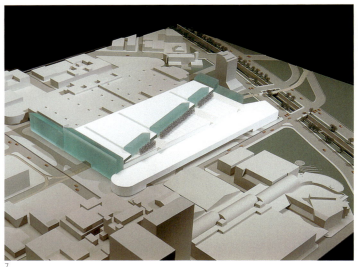
7

8

9

10

11

科罗拉多会议中心扩建 51

大卫·E·斯凯格斯建筑综合体
(国家海洋大气局研究实验室)

David E.Skaggs Federal Building
(National Oceanic and Atmospheric Administration Boulder Research Laboratories)

设计/竣工 1992/1998
波尔德 科罗拉多州
美国公共服务管理局(GSA),
联邦政府实验室
4层——372,000平方英尺
(实验室 80,000平方英尺)
34,596m² (实验室 7,432m²)
600个停车位
现浇混凝土结构,预制墙板,外挂自然石材
地区:山地平原结合部
环境:科学设施

直到1999年,国家海洋大气局波尔德研究实验室的工作人员们还在科罗拉多波尔德城的两个园区的五座不同的建筑里工作着。当公共服务管理局决定要把这些设施合并的时候,就必须在一个重要居住区的中间建造一座372,000平方英尺(约34,596m²)的建筑——而这个居住区在城市中因社区活力而众人皆知。

尽管这个项目在开始阶段的确引起了社区居民的很大关注,可到最终,事务所还是将居民关心的一系列问题成功地给以解决。这些问题包括如视线遮挡、体量处理、节能和特殊研究设备等。

这座楼共有698间办公室,20间会议室,98个实验室,和2个主要的计算中心,实验室和自动化处理空间一般都放了建筑的内部区域,而办公空间——带有可开启的窗户——一般都置于建筑的边缘部位,给使用者提供了眺望山峦和平原的极佳视野,阳光通过侧窗和办公空间及环形走廊上的透明玻璃被引入建筑内部。

邻近的居民反对这项设施的尺度不仅仅是因为它和周围居住建筑尺度上的不同,更是因为这项设施中心许多巨大的部分将会挡住作为波尔德城城市景观背景的平顶脊山脉。

考虑到公众所提出的意见,建筑被放到了离最近的主干道900英尺(约274m),离最近的居住楼400英尺(约122m)的地方。该设计通过把建筑分解成四块来使其体量最小化,每一个的第一块都有它自己的形状和朝向。这些建筑都部分以从附近的一个采石场采回来的石头为外饰材料。另一种打破建筑体量的办法就是利用两个部分端部的相互关系来实现。在建筑连接处,自然石材和玻璃加钢的金属楼梯的并置,形成了在落基山脉脚下放置精密研究设施的一处象征。这些连接处就像是给研究人员的一处非正式接触点,而同时又为他们提供了周围山野的视野平台。这座建筑整个下沉了一层来形成一个花园层,同时通过这种办法来解决视线遮挡的问题。

通过使用各种先进创新的建筑系统使这座建筑超过了政府关于节能的标准。通过和当地能源供应商大众服务公司的合作,解决了各种提高能源使用效率的问题。有望达到每年节省160,000美元,其中有行动感应器用来开关灯,有固定的HVAC设备,在每个办公室里有风扇卷绕装置和温度计来进行房间的专门控制;在沿墙的房间里还装有感光元件,用来在周围光线水平的基础上来调节光线。

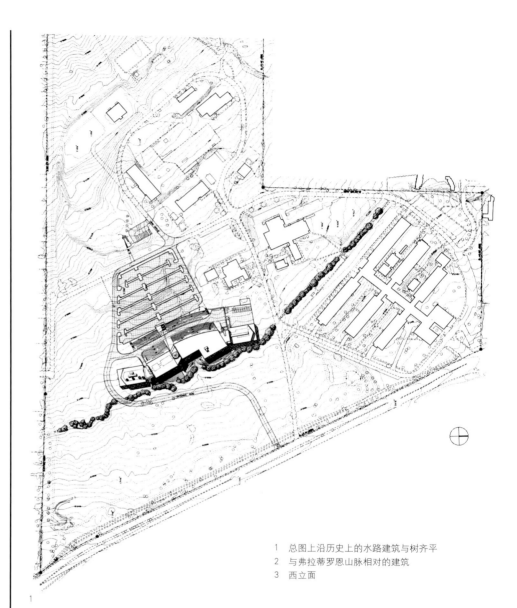

1 总图上沿历史上的水路建筑与树齐平
2 与弗拉蒂罗恩山脉相对的建筑
3 西立面

2

3

大卫·E·斯凯格斯建筑综合体 53

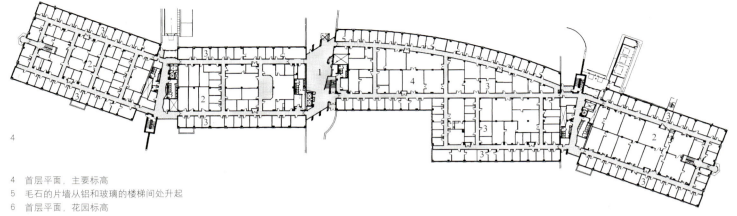

4 首层平面，主要标高
5 毛石的片墙从铝和玻璃的楼梯间处升起
6 首层平面，花园标高

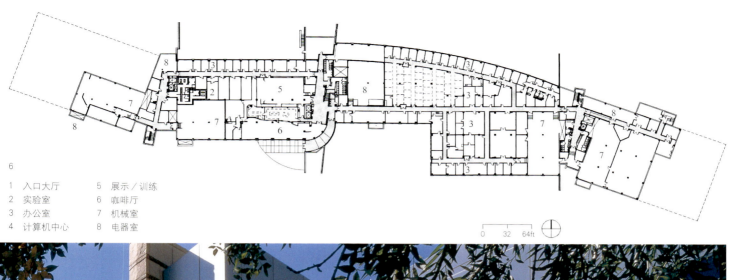

1 入口大厅　　5 展示／训练
2 实验室　　　6 咖啡厅
3 办公室　　　7 机械室
4 计算机中心　8 电器室

7 入口。石桥通向铝和玻璃的大厅
8 光滑的铝柱标志着入口
9 毛石的片墙从铝和玻璃的楼梯间处升起
10 墙面细节,显示出插入的镶板
11 石头的外墙把建筑和远处的山脉连接起来

7

8

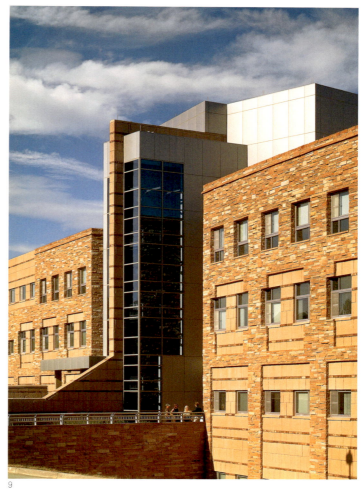
9

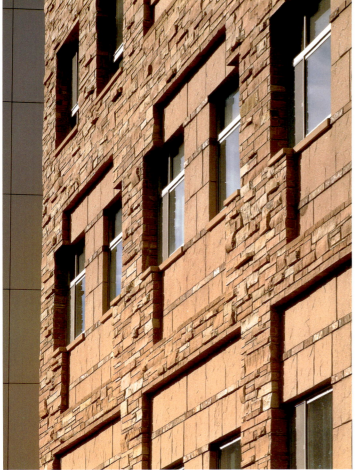
10

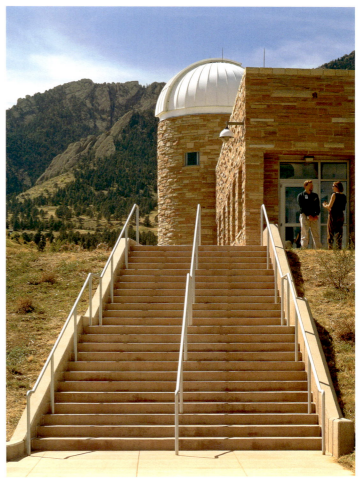
11

大卫·E·斯凯格斯建筑综合体 **57**

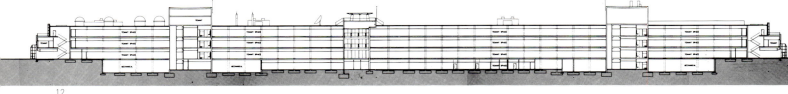
12

13

12 东立面
13 东入口
14 在东入口处的石桥

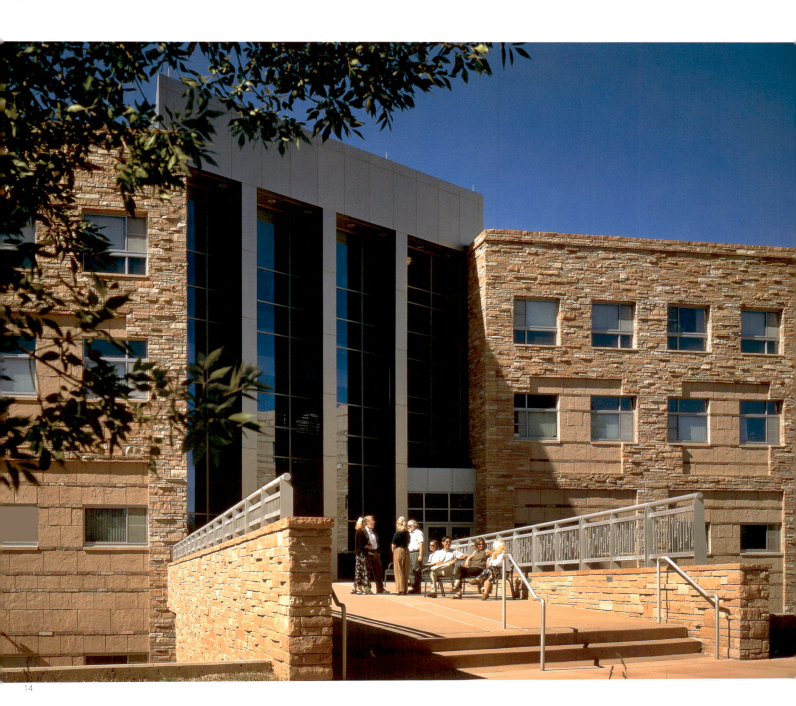

14

15

15　咖啡厅。沿吧台条桌是单人的吧台凳
右页图：
　　门厅。地面上是球形动雕，近顶棚处是卫星样的隔声板。

西雅图——塔科马国际机场中央航站楼扩建

Seattle-Tacoma International Airport Central Terminal Expansion

设计／竣工　2000/2004
西雅图航空港
240,000平方英尺／22,296m²
21道门，480万旅客
玻璃钢、花岗石、木材
地区：美国西北部
环境：海洋、森林、山地结合部

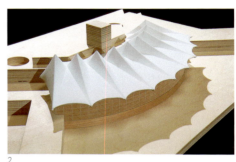
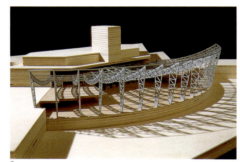

1　1949年开放时的中央航站楼
2　设计过程：拉索屋顶
3　倾斜屋顶的圆形铁支架
4　直线形天窗
5　带有圆形元素的玻璃盒子
6　分段的玻璃幕墙
7　最后的设计：曲线形玻璃幕墙
8　模型展示：出租营业区和餐馆室内

在美国西北部，华盛顿州的西雅图城和塔科马城所在地，山脉、森林和海洋戏剧性地交汇在一起，在雷尼尔山(Rainier)的图景中，这里是最引人注目的一处。可是，由于一处航空机场的多年停运，空中游客已经无法看到这一景观了。但是，由于西雅图——塔科玛的国际机场中央候机楼的扩建，所有这一切都将改变。

中央航站楼，建于1949年，最初有一处观景平台，旅客们可以从那儿看到飞机的起飞和降落。一度出于安全考虑，对那里进行了整修并加强了严格的限制，这样候机楼便失去了原有的活动。

芬特雷斯·布拉德伯恩设计事务所，从众多的具有国际声望的建筑师中被选中来负责设计这一具有50年历史的候机楼的扩建工程。这项工程规模有250,000平方英尺(约23,250m²)。项目的中心部分是350英尺(约106m)长、60英尺(约18m)高的一处玻璃幕墙，这片玻璃幕墙形成了透明宽阔的视野，可以让旅客看到飞机场的壮丽景色，可以直视无碍看到奥林匹亚山脉。

玻璃本身在两个方向都有曲度，有水平方向的也有垂直方向的，这种设施要求有先进的结构配合来实现。这块透明的垂直面成了展示地区景色的橱窗，西雅图和塔科马都一览无余，就像人们私下说的那样，这里有"门户"的气质。玻璃墙所包裹的是一处新创造的市民空间，那将模仿西雅图著名的派克大街市场，成为一处以出租营业区、艺术、互动教育体验为特色的地方。

在这个大厅的后边就是增建的用来提高旅客容量增加旅客服务的设施，包括自检台，手提电脑互联网连接口，具有西北部地区风味菜肴的休息处和餐馆。其他的还包括修理行李的设施，坡道设施，出租营业区派送中心。

这个项目具有挑战意义的独特之处在于它的工期安排。中央航站楼位于四个大厅的交接处，这和机场上最繁忙的一条航线——地平线航线——的停机坪相邻，项目的建设要求在所有的时间段机场的业务不能受丝毫影响。这其中包括重新安置飞机场设施，开挖地基，更换通过建设区的行李道，重新安置并合并安检点，检修从里边开始的滑行道等等。

7

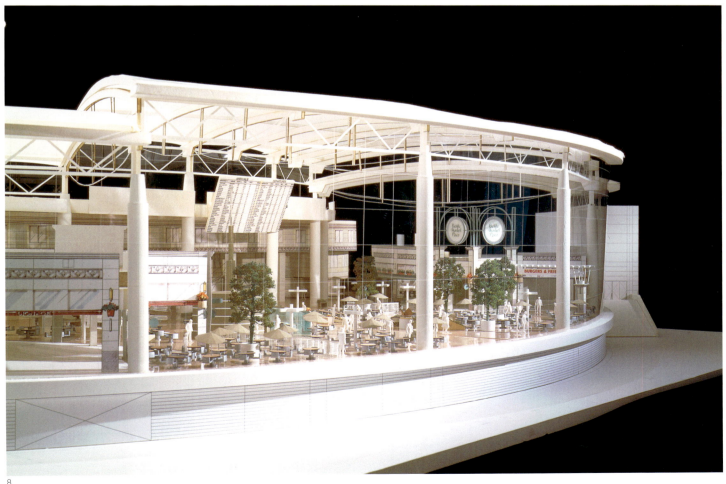
8

西雅图——塔科马国际机场中央航站楼扩建 **63**

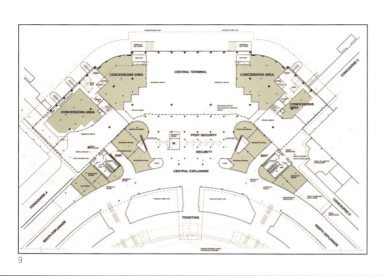

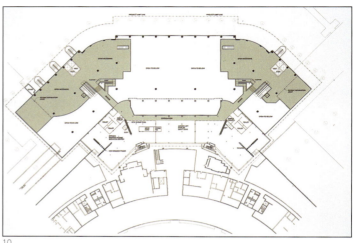

9 平面图，第一层，初始概念
10 平面图，第二层
11 模型，从停机坪看扩建部分
12 在水平和垂直方向都有弧度的玻璃幕墙

西雅图——塔科马国际机场中央航站楼扩建 65

13　模型，中央航站楼室内
14　模型，餐馆区
15　模型，出租营业区
16　模型，太平洋商场
17　充足的阳光使集散站内部生机勃勃
18　生动的座位区散落在扩建工程中
19　渲染图表现透过玻璃的山脉景观
20　渲染图，扩建工程地下层
21　渲染图，从扩建工程的上层看

13

14

15

16

17

18

西雅图——塔科马国际机场中央航站楼扩建 **67**

拉夫兰警事和法院楼
Loveland Police and Courts Building

设计／竣工　2000/2001
拉夫兰，科罗拉多州
拉夫兰市
31英亩（基地），98,000
平方英尺／9,104m²（建筑）
砖，混凝土，建筑预制块，玻璃
金字塔形天窗

设计拉夫兰警事和法院楼，采用了各种形式和纹理，从而使这座城市建筑形成既有欢迎意味又有威严感的外形。入口处简洁的金字塔形既表达了建筑的市政功能，同时也为来访者清晰地界定了入口。建筑周围的彩色混凝土做石基座，是参照了该地区历史建筑的结果，基部上缘的一道细白线，随开窗的位置高度有节奏地变化着，在建筑两端略低的侧翼，这种纹理被垂直的黑色砖带有规律地分隔开。在建筑中心圆鼓状部分以上，是一处钻石型的构架附加物，这个部分和圆形中厅上的金字塔部分以其自身的规整和建筑的曲线形成对比——这是一种给建筑带来生气和统一感的张力。穹顶覆以金属，和砖墙形成鲜明的对比。淡色的建筑预制混凝土在建筑顶部重复排列，有助于减小建筑的体量感。

在法院楼里，三个分离的环线路（公众、个人、安全通道）为所有出席法庭者提供了最大的安全考虑和使用上的方便。6个城市和县的代办处合并在这个建筑里，包括警事部、城市检察官、市政法庭、县检察官、见习部和街区检察官，总图还设计有很大一块游客停驻地和丰富的景观。

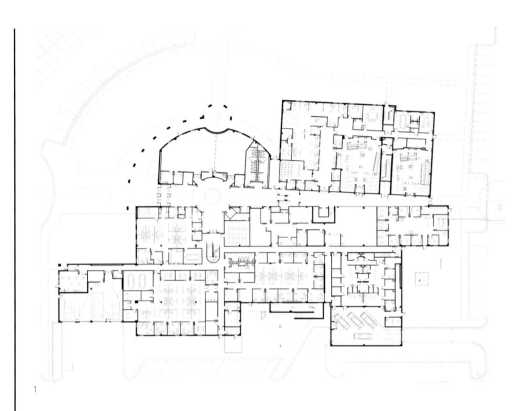

1

2

1　地面层，主要标高
2　东北立面
3　北向剖面
4　东向剖面
5　西向剖面
6　北立面

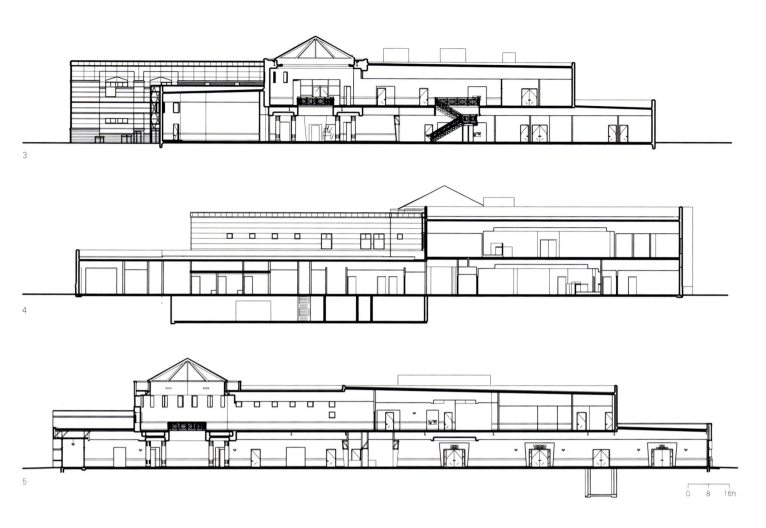

拉夫兰警事和法院楼 69

科罗拉多州议会大厦逃生安全系统更新

Colorado State Capitol Life-Safety Renovation

设计／竣工　2000/2005
丹佛科罗拉多
科罗拉多州
历史更新
铁、砖、混凝土、大理石

科罗拉多州议会大厦已经有100多年的历史了，它所使用的都是本地材料，像科林斯要塞的沙石，甘尼森河的灰花岗岩，装饰地板和楼梯的大理石，以色列的缟玛瑙护壁板，装饰穹顶的本州的金叶子等等，简直就是科罗拉多州的再现。现在，它已经经过多次翻新，其中许多操作已经对其历史特征产生了负面影响。例如在安全标准和功能方面，对它多年的更新就是想弥补安全方面的遗漏。

在议会大厦各项情况中，最严重的就是缺少防火喷淋系统。许多和安全相关的更新，就是要求减少破坏性的火灾，使建筑能够达到现代安全标准。逃生安全研究表明，大楼未评估的楼层系统，柱子和出口走廊都是潜在的危险，而且推论断定，大楼的火警探测器和警报系统，应急力量和灯光，还有对上层而言的逃生出口，都是不够的。

项目的第一个阶段就是要在大厦的穹顶和它的次级屋顶上安装喷淋系统，之后的工作是要在大厦剩下的部分规划新的扩展楼梯，大厦出入走廊，烟雾疏散器，防火喷淋，火灾警报系统等等。

大厦所有更新的部分都要经过有关最高标准方面和历史材料感觉方面的法律批准，要给穹顶观察台上这么高的地方安装延伸楼梯和出入走廊必须让设计弯曲度和原有的建筑相吻合。新的喷淋系统和烟感器都要仔细放置好，而且他们既不能对周围造成不良影响，也不能吸引本不该吸引的目光。

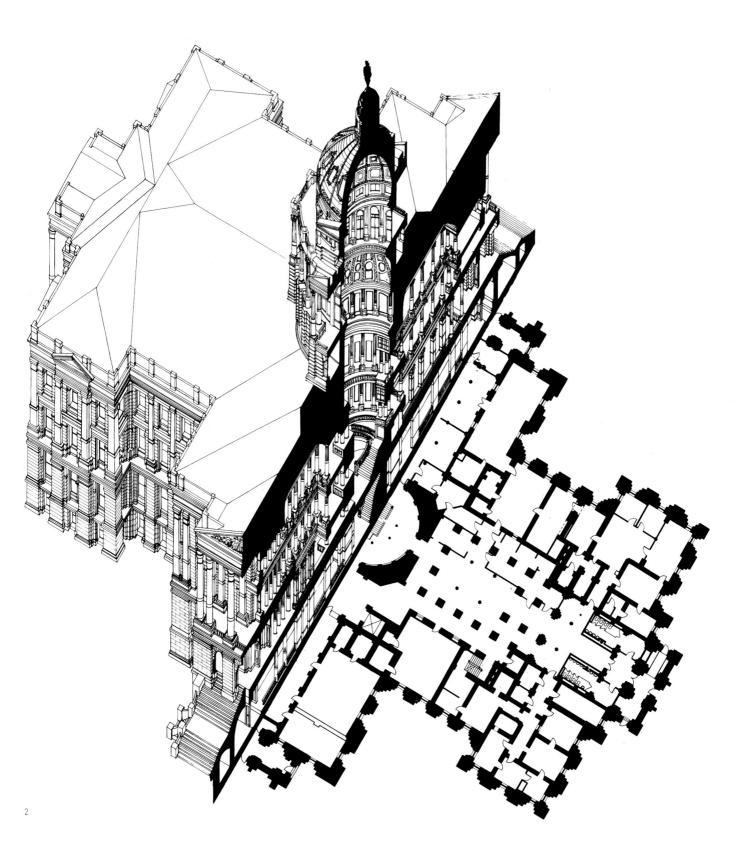

2

1 州议会大厦最初的建筑图
2 有一层平面的剖视图

科罗拉多州议会大厦逃生安全系统更新 **71**

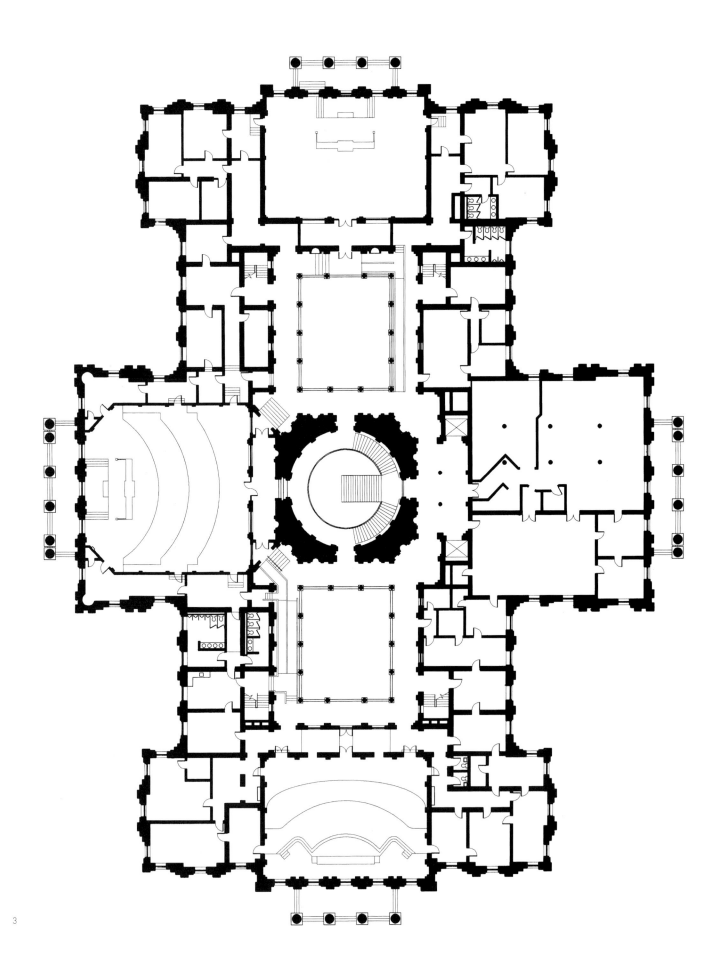

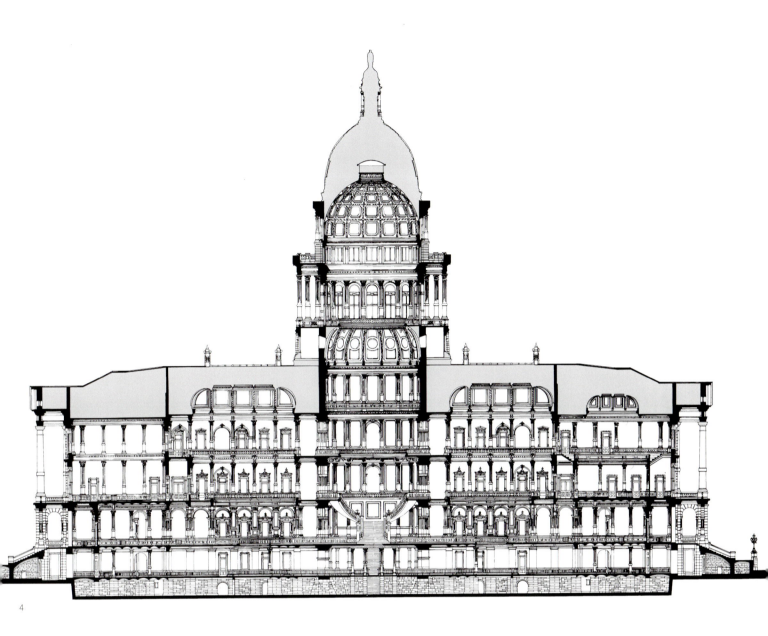

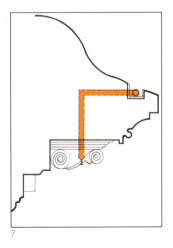

3 一层平面
4 剖面，北立面
5 环形楼梯升至穹顶较低的边缘
6 细部，柱子顶部，正好在最上边窗户的下边
7 穿过檐口卷花的喷淋管细部
8 檐口卷花的细部

科罗拉多州议会大厦逃生安全系统更新

百老汇421号修复／
扩建工程

421 Broadway
Renovation/Expansion

设计／竣工 2000/2001
丹佛 科罗拉多
芬特雷斯·布拉德伯恩事务所办公楼
10,800平方英尺／1,003m²
扩建（接待处和展览馆：
3,400平方英尺／316m²）
会议室：3,400平方英尺／316m²
研究室：4,000平方英尺，13,720m²
螺纹钢，不锈钢板金属玻璃，铁板墙
地区：平原山脉结合部
环境：邻近商业区的城区

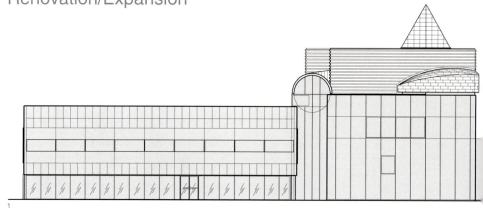

1

2

1 东立面
2 东南立面
3 开敞的楼梯，墙上挂的是野马体育馆的图片
4 夜晚的时侯灯光明亮的金字塔在建筑的顶上
5 远处是丹佛天际线，左边是金字塔顶
6 白天的外观
7 计算机渲染轴测图，东南立面
8 建筑的北端，计算机合成图
9 在展廊座位区的巴塞罗那椅子

百老汇号大楼最初是20世纪70年代晚期给家保险公司建造的。1992年的时侯，变成了布拉德伯恩的产业，最初的大楼是在混凝土桩基上升板而成，这样就有了公司额外的有顶停车场。地面层有一个小的玻璃门厅和接待区，直到1998年公司扩建时，一直都是这样。

到1999年，芬特雷斯·布拉德伯恩事务所开始着手新的扩建更新，这次更新把第三层由29,000平方英尺(约2,697m²)扩大了11,000平方英尺(约1,023m²)，地面层扩建包括一处3,400平方英尺(约316m²)的展览馆，上有灯光格栅，有一处可以放公司工程模型的空间，还有一处放置巡回建筑展览的空间。开放的石头金属大楼梯呈剪刀形交叉，把人引出新美术馆接待区，引上第二层的工作设计研究区。在这里，可以重新划分出进行个别项目设计事务的空间。这个空间周围是合伙人的办公室和5个会议室，其中一个会议室可以容纳40人。

出了这个展览区，经过饰以公司所获的145个设计奖项的曲线墙，是一条通往开放工作区的过道。这个区增加了30多个机位，到现在已经有76台了，可以提供新颖、灵活、像包厢一样的工作空间。这里有昂贵的墙面和高高的层顶，是一处可以用来组织单个专家研讨会的区域。

从工作室过道的楼梯往上，是公司新建的厨房和员工的就餐区，在第五层还有新的公司设计市场部。七层之上又加建了一层，有一个新的30英尺×30英尺(约9.15m×9.15m)的会议室。会议室顶上是一个半透明的玻璃天窗，四周的屋顶边呈向后倾斜状，以便接纳更多的阳光。这个空间旁边是一个小的展览室和接待区，紧邻着建筑中心的电梯，另一个会议室可以看到丹佛市商业区的天际线和不远处的落基山脉。会议区也可以成为设计陈列和讨论区。这个区可以通向有30英尺×30英尺大小的屋顶层，在那里可以饱览落基山脉和丹佛市的商业区的景色。

更新扩建的另一个部分是地下员工健身区。这有各种健身器械，淋浴和小衣柜，这里的宽敞程度完全可以接待有氧运动练习者和瑜珈练习者。

3

4

5

6

7

8

9

百老汇 421 号修复／扩建工程

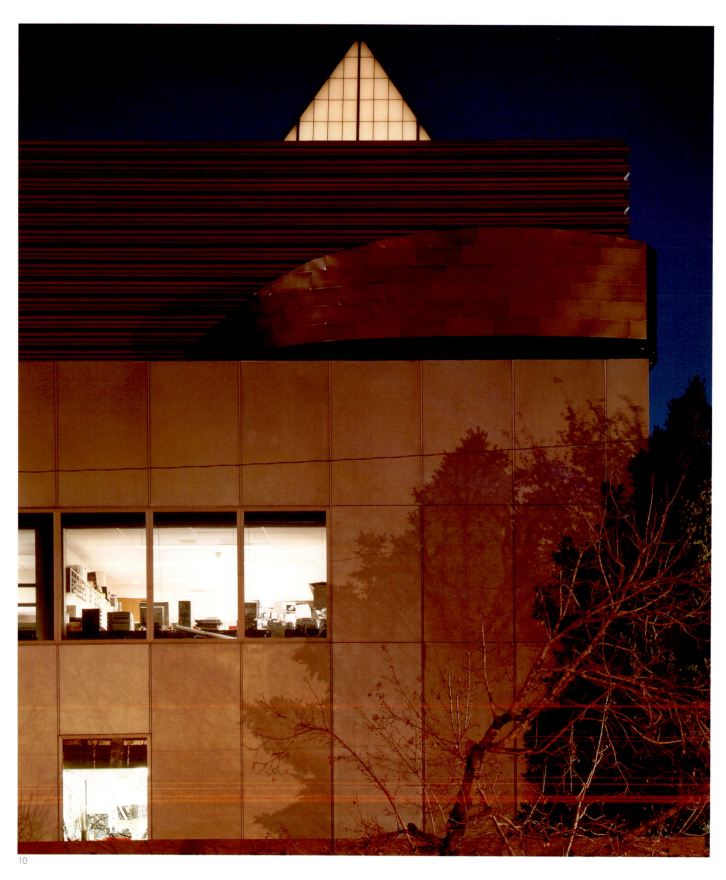

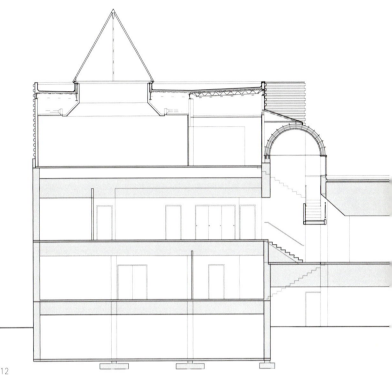

10　夜晚，会议层顶部发光的金字塔
11　小的屋顶会议室可以看到丹佛的天际线
12　北端剖面，显示出顶层扩建的情况
13　金字塔顶使会议室里充满了阳光

苏里亚自由综合体
（古晋城镇中心）

Complex Suria Merdeka
(Kuching Town Centre)

设计／竣工　1997/2004
马来西亚　沙捞越省　古晋城
马来西亚　吉隆坡　HAL发展父子公司
城市设计
750,000平方英尺／69,675m²
一期工程：26层办公大楼，博物馆，
休闲中心，1,060个停车位
二期工程：15层，80个居住单元的塔楼，
停车84辆
三期工程：128房间的旅馆，10,000m²
会议中心和300个停车位
地区：马来西亚
环境：城市设置

一个城市同时会有很多关系来界定其场所感，它的公共空间必须有一个象征意义的形象以便那些关系能够和它来呼应。

任何新的城市建设都必须尊重这种关系，但同时还能通过加强建筑的图案感来平衡城市居民的居住和工作习惯。

苏里亚自由综合体，将会成为马来西亚沙捞越省古晋城区的一处新的核心。芬特雷斯·布拉德伯恩事务所的基地规划把这个综合体和城市现有历史中心的关系处理得很和谐。在一系列的选择中，他采取的是用一条穿越轴来组织中心，四周围以大的室外"屋"，在10英亩（约4.05hm²）的基地边缘进行实质性的发展。

项目将会从基地的南端开始，建造一座26层的办公大楼，一座新的博物馆（作为基地以外现有历史博物馆的补充），可停车1000辆的停车场，西边紧靠着一处不高的半圆休闲建筑——有顶的室外市民空间，二期工程将要在市民"屋"的两边增加一座15层，80个居住单元的塔楼，三期工程将要盖一座10,000m²的会议中心，并在其北面加建一座有128间客房的旅馆。

建筑的外轮廓线反映了传统的花瓣和圆形图案，这些图案经常被用于公共区域的屋顶之上。这个建筑群体并没有在空间上用过多的元素，而是让其成为一处开放的室外"房间"，那花形的图案在一系列台地花园和喷泉随处可见。这些喷泉从公共空间沿小山喷洒下来流到基地北面的一个公园里，一个向东的大楼梯，通过一个人行天桥和基地连接起来，通向古老的沙捞越博物馆。

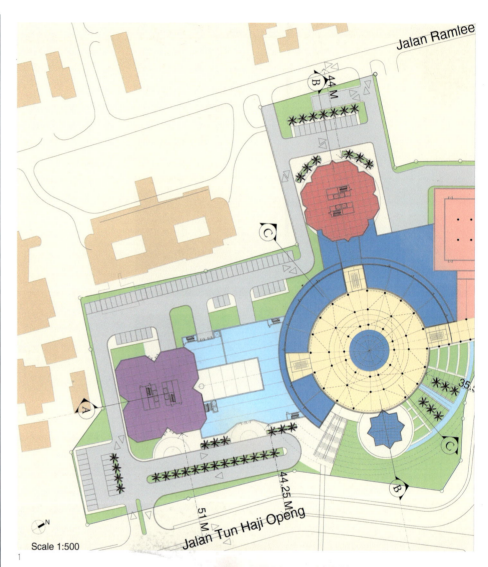

1　总图，显示了环形的市民"屋"
2　早期设计概念，有一个高高升起的桥
3　早期设计，有跌落式的住宅塔楼
4　最后的设计，左边顶部是旅馆和会议中心
5　中心市民广场的计算机渲染图和基地鸟瞰

苏里亚自由综合体 **79**

研究综合体 I
（科罗拉多大学健康科学中心）

Research Complex I
(University of Colorado Health Sciences Center)

设计／竣工　1999/2004
奥罗拉，科罗拉多州
科罗拉多大学健康科学中心研究实验室
公司角色：建筑师
600,000平方英尺／55,800m²
钢结构，砖，玻璃，铝板幕墙
地区：美国西部
环境：生物科学研究园

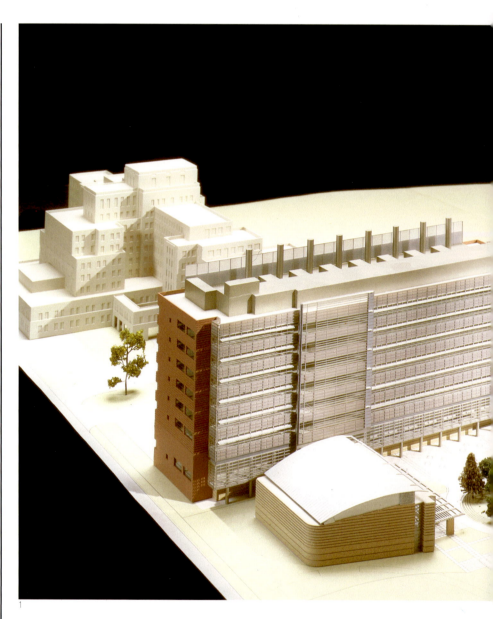

1

把科罗拉多大学健康科学中心从原来受局限的城市旧址搬迁到原是美国军方医学基地的现址的决定，促使在科罗拉多的奥罗拉要兴建一处总价50亿美元的生物研究园。研究综合体工程是这次搬迁的第一个组成部分——这是一处预计在2004年开放的600,000平方英尺(约55800m²)的设施。

在研究综合体的建设项目里，科罗拉多大学健康研究中心的目标会加强其在全国重要研究机构中的地位。芬特雷斯·布拉德伯恩事务所和克林·林德奎斯特(Kling Lindquist)事务所及纽约的GPR合作，一道设计出了包括两个相互连接建筑的方案——一个有12层高，另一个9层高。两栋建筑都是以铝板和玻璃作为前立面的材料，反映出科学活动的精神，同时可以让里面的人员看到落基山脉的全景。基础实验室的设计以开放的遗传因子模数为基础，为整个综合体的活性提供了更多的灵活可能。两栋建筑通过第二层、第五层、第六层的人行天桥来连接，同样的天桥也把它们的园区里其他的建筑相连接起来。综合体里所要放置的将有研究和医疗教育设施，包括湿度实验室，干燥实验室，办公空间和辅助房间。

在从美国教育部获得分离出来的原菲茨西蒙斯(Fitzsimons)军方医疗基地后，科罗拉多大学在基地上的扩建地界将会有进一步的增加，位置就是一笔财富。这个基地紧邻州际高速公路的交汇处，而且和丹佛国际机场相当近。

科罗拉多大学健康科学中心最终将需要180万平方英尺(约167,400m²)的实验室和实验辅助用房，以便重新安置它的新校园——这是一项该大学计划用10年到12年完成的规划。到全部完工的时候，会有大约350万平方英尺的新建或翻新的设施矗立在菲茨西蒙斯的基地上，和大学带有基础研究和健康保健设施的医学院融合在一起。

到开发全部进行完时，217英亩(约87.88hm²)的科罗拉多大学健康研究中心将会有18,000名雇员，每年将吸引1亿美元的资金，它会和现在还在设计的147英亩(约59.53hm²)园区的私人基金商业生物科学研究楼群一起矗立在那里。

1　从东北角看西立面
2　地面层平面

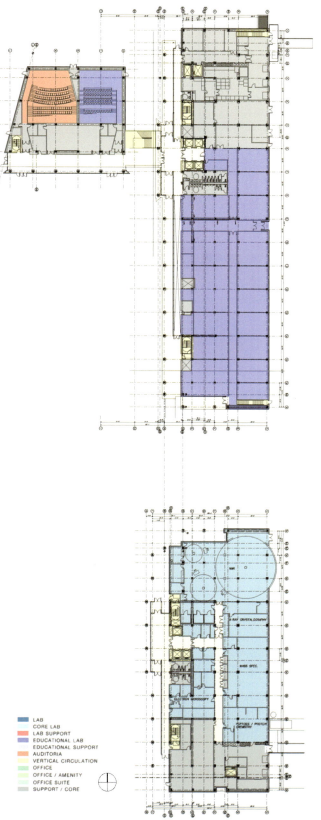

LAB
CORE LAB
LAB SUPPORT
EDUCATIONAL LAB
EDUCATIONAL SUPPORT
AUDITORIA
VERTICAL CIRCULATION
OFFICE
OFFICE / AMENITY
OFFICE SUITE
SUPPORT / CORE

2

3 东立面,可以看到两座建筑间的桥
4 西立面,从西北角看
5 西立面

4

5

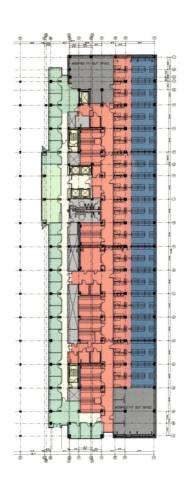

6 首层平面
7 计算机渲染图，室内拱廊，第二层
8 计算机渲染图，西立面，富于表现力的铝板表面
9 从北边看的景象，可以看到砖和铝的立面
10 东立面，连接第二层、第五层和第六层的桥

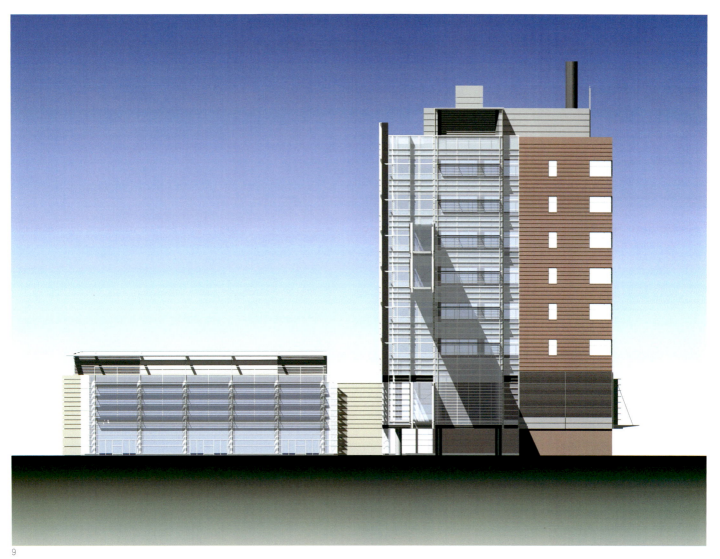
9

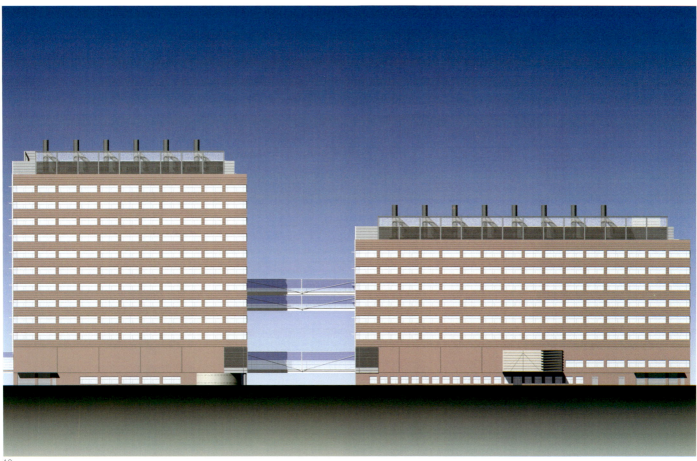
10

研究综合体 | 85

11 东立面，左边是连接到校园里其他建筑物上的桥
12 会场前广场的计算机渲染图

切里希尔社区教会礼拜堂
Cherry Hills Community Church Chapel

设计／竣工　2000/2002
科罗拉多　牧场高地
切里希尔社区教会礼拜堂
36,000平方英尺／3,344m²
混凝土，灰石，木头
地区：山地平原结合部
环境：落基山山麓

切里希尔社区教会66英亩（约26.73hm²）的区域里包括的建筑共有185,000平方英尺（约17,200m²），有一座3,500座的圣坛教堂，还有为教堂所有的K-8学校，办公空间，会议，房间和健身房。教堂需要一座具有更加庄重意味的圣坛，用作举行婚礼或纪念仪式等等，而且希望寻找一种传统"礼拜堂"的美感，来和主要的圣坛那更为现代和非正式的外观形成对比。

在区域的西北角，是新的礼堂所在地，这是一处戏剧性的山角，整个区域都好像聚焦这山角上的一点，四面都向这里倾斜，形成一处主要的交通交汇点。由于礼拜堂是来教堂时首先看到的建筑，所以，这个礼拜堂可以为整个教堂形成一处具有纪念性的前景。

芬特雷斯·布拉德伯恩事务所提出需用新的礼拜堂来组织整个教堂区域，平面上还有一对相互交义的步行道形成一个十字。其中一条要从区域西北边的礼拜堂起，沿现有建筑的东边，一直到规划上区域南边的一个小的半圆冥想园为止，一条沿着这条路的矮墙会把这个礼拜堂和现有的建筑联为一个整体。景观上的特征，例如沿路排列成行的柏树和灯具，都会帮助进入教堂区域的来访者建立起这条轴线。当你走向礼拜堂时，你会遇到一处十字轴，它沿着礼拜堂的前面进入一处不大的谷仓，那是礼拜堂的辅助用房，其中包括一间祷告室。这间祷告室有它自己的位于钟塔下面的花园壁龛。

对于建筑本身而言，业主希望有一个简单的形状以便能在远处就能辨认出，最初的讨论仔细考虑了古英国乡村教堂美丽的外形，强调用砖之类的朴素材料来做外墙，用未加修饰的木材作地板、屋顶和长椅。

实际的设计是一个传统的尖顶教堂，另有一个四面挖空的钟塔，连接礼拜堂和现有圣坛的矮墙也用了这种灰石作为外墙面材。上面开有等距的拱券门，来呼应教堂上的门和彩色玻璃窗。

大厅里120英尺（约36m）高的屋顶赋予大厅空旷的感觉。大厅里，顶棚上的木头屋顶戏剧性地以50°的角度交于100英尺（约30.5m）高的点，下面高高的石头墙点缀以彩色玻璃窗。建筑里惟一不对称的元素就是教堂前面的石头凹室，那儿有一处从上到下的垂直窄条窗，这个窗户使圣洁的阳光沐浴在圣台墙左边，在那里展示的是一个巨大的十字架。

在礼拜堂之下的地面属于会议中心。由于基地的坡度，这个扩展区域被加上窗户，玻璃门和一个铺石板的平台，在这，可以看到壮丽的山川景色。

1 基地平面，顶部是教堂
2 从东南边看的基地模型，教堂在左上角
3 从东北角看的基地模型
4 模型，西立面
5 模型，从西南面看
6 模型，可以看到前面从地面到屋顶的长窗
7 渲染图，前面的光线把人们的注意力吸引到十字架上

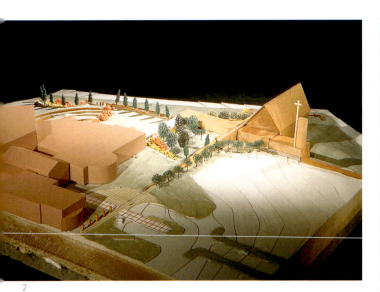

2

3

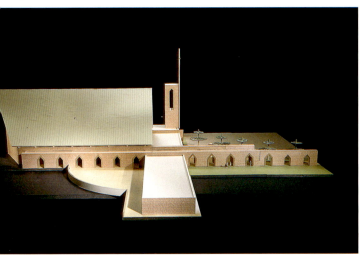

4

5

6

7

J·D·爱德华 & Co.公司园区

J.D.Edwards & Co.Corporate Campus

设计／完成　1996/2003
丹佛，科罗拉多　J·D·爱德华 & Co.公司
普通办公空间／园区总图
1,200,000平方英尺／111,480m²（1—5号楼）
停车楼，可停4,779辆
钢，混凝土，建筑预制块，毛石，玻璃
地区：美国西部
环境：软件开发公司

在丹佛市东南邻近郊区的丹佛科技中心园区里，已有上千家公司，35,000名雇员在将近900万平方英尺(约83.7万m²)的一流办公区里工作着。商用软件开发商，J·D·爱德华 & Co.公司，获得一块可以称为是丹佛科技园区的最好的一块地皮。该公司所在地在园区最北边，邻近该州最繁忙的一处高速公路的交汇站，25号州际路和225号州际路的交汇点。

项目最开始的时候只不过一座单栋建筑，由于业务量意想不到的增长，项目很快就扩展成了整个公司园区。项目最初的控制规划，业主很满意。最终设计了5座建筑，还包括一座旅馆和其他辅助设施，如咖啡馆和训练中心。

在园区的设计里，4座中等高度的建筑环绕着一座22层高的办公塔楼，塔楼位于一系列放射轴的中心地带，而这些放射轴纵向地穿过每一座较小的建筑。

在4个较小建筑的立面上，设置了横向和竖向的矩形，不仅仅是用于象牙色彩的预制框架上，也用在这个框架里面玻璃的镶拼组织上。这种直线形圆形秩序是对楼本身所致力于技术努力的一种微妙的暗喻，每一座象牙色格上的毛石和暗黄色预制块也加强了这一格架。每一座大楼都有一个庄重的圆形大厅，上用对比强烈的毛石——这是一处从建筑中心突出出来的用来标志其入口的形式。有一座建筑有一处两层高的中庭，在建筑外立面上一直升起有几层高，在顶部

1

是一个镜像的反弧。其他的建筑对此各有呼应，它们是在外立面上有一个两层的突起，到顶上是把柱带向上延伸的巨大的垂直矩形。大厅的室内是红木的装饰面和带有复杂图案的石质地面。

22层的办公大楼设计以倾斜的外墙，形成了生动的外形。微微的三角形母题，使其有别于水平划分的塔楼和竖向的方筒，而且通过置于建筑顶部的金字塔顶将其充分的表现出来。

园区有20,000平方英尺(约1,860m²)的资料中心，建筑之间地上和地下的连接通道，以及可以放置系统设施的开放层，园区还有在部门内部进行交流的创作小组。建筑的机械和电力系统包括一个电缆管槽系统和双光学纤维传输装置来满足每层29,000平方英尺(约2,697m²)的需要，还有一个加强电力供应装置。一处可以为资料中心和其他重要任务业务公司提供备用能源的发电机。

1　从草地上"生"出来的建筑
2　建筑由遮阳的拱廊连接起来
3　高出的塔楼成了其他中高层建筑的中枢
4　建筑景象：可以看到预留的建筑用地

5　所有七层的平面图
6　建筑Ⅲ上沿用了圆形的中庭
7　员工咖啡厅
8　曲线的形式欢迎着来访者进入接待区

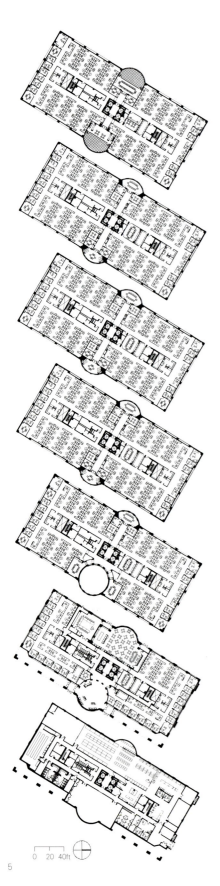

竞赛项目
Competitions

科拉克县政府中心
Clark County Government Center

设计／竣工　1993/1995
拉斯韦加斯，内华达州
科拉克县（内华达州）公众服务部
政府办公大楼
公司承接任务：总体规划　场地规划
建筑设计　外部空间设计　室内设计
六层高的主楼，三幢单层建筑物
350,000平方英尺／321,200m²
钢框架，混凝土核心体；
外部：沙岩，玻璃，有色金属；
内部：花岗石，拉毛粉饰，地毯，石膏板
地区：美国西南部
环境：沙漠地带
隐喻：沙漠峡谷

1

2

3

4

5

科拉克县政府中心的构成是在"圆"这一最古老的构筑形式基础上形成的。这一形式将分散的元素集合成一体。该中心由四组建筑组成：六层高县政府办公大楼一座，单层县政府委员客房楼三座，一个多功能社交中心以及一个中心车间。一个公共庭院将他们有序地组织在一起，从远处眺望，观者将感受到强烈的视觉震撼，综合体那纪念性尺度及令人炫目的建筑形式无不触动着人的情感，激发着观者的兴趣。

设计竞赛

经无记名投票裁决，芬特雷斯·布拉德伯恩建筑事务所最终在同新墨西哥建筑师安东尼·普雷多克及《向拉斯韦加学习》一书的作者罗伯特·文丘里之间的角逐中胜出，取得这一全国竞标项目，着手设计科拉克县政府中心。

建筑师从一开始就很明确任何一处设计都不可以大众化。"在这个类似拉斯韦加斯的地方"，首席建筑师柯蒂斯·芬特雷斯说道，"即使是城市建筑也得有个主题。"显而易见，在多样的带状地形与自然环境上做文章是最好的选择。但建筑师们认为该工程是县级项目，而不是拉斯韦加斯的。这个县地域广大，拥有沙漠冲刷地、峡谷、悬崖、森林、山麓、平原等叹为观止的多样地景。传统观念在拉斯韦加斯人身上可能没什么体现，但该地区的周边环境与地域却可更多地激发人们的想象。

于是，建筑师们开始挖掘这些方面的素材。在离拉斯维加斯不远处，他们游览了大峡谷和孤独峰（Lone Mountain）——一座受风化和水蚀而自然形成的金字塔。在更远些的火焰山国家公园大峡谷（Valley of Fire State Park），他们爬了半英里，机缘巧合地来到被称为"摩尔斯水槽"（Mouse's Tank）的岩石群系。那里，他们发现了一连串景象：蜿蜒起伏的金色石壁环绕着四周；被岩石层封闭的"空间"，阳光从其缝隙中透射；尽端坍塌、其余完好而棱角分明的岩石层；石刻的拱券与石柱；填满岩石缝隙的绿色植被；以及有着上千年历史的岩石雕刻。在那恶劣的环境中，他们初次领悟到生命的自然秩序。

几天之后，这次远足历程及对所到之处的领悟成了他们所有研究的立足点，而最终，这种体验建构了他们的设计。其设计目标为创造一种自由式的建筑语汇、一种为沙漠建筑所用的雕塑语言。

早期形式

这支设计队伍开始从沙漠景观方面着手规划。他们最初的想法最终体现为庭院和分散的建筑单体，这些庭院和分散的建筑单体进一步形成了更精确更棱角分明的几何形体。起初他们将庭院与分散的建筑单体统一成一体，这样做，可使景观上形成更为精确规整的几何形实体。

渐渐的，这些形体参照"圆"这一古代城市组织元变得有些曲线化。并在这个形体上开始形成一条轴线，这条线成为整个综合体的中心。而这个在景观中犹如雕塑一般的甲胄状综合体则被建筑师用来作为定位其他建筑的依据。最后这条轴线将和服务于该基地的高速路出口对齐。这样，设计的下一步就是要创造出一处地景标志并形成场所感。

1　设计进程：轴线穿过环形拱廊
2　中央大厅上的小金字塔
3　中央大厅屋顶处天窗遮阳板，"峡谷"在其右
4　扩大的金字塔，上层楼面由柱支撑
5　与带形地段紧密结合的综合体的迷人景致
6　岩石大峡谷的景象激发了对综合体的建筑创作灵感
7　成果模型

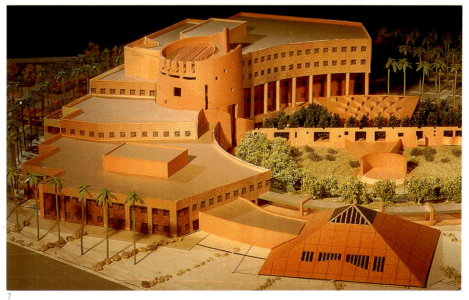

科拉克县政府中心

岩石壁

当该项目进一步深入时,建筑师们在沙漠中的所见所感开始在设计中体现。抵达建筑的通道是对跋涉至摩尔斯水槽经历的隐喻。通道一侧遍植翠松,另一侧则是一道刻有图案的石墙,通过大小不一、间隔不等的洞口对石墙加以强化,令人回想起大峡谷的景象。另外,中央大厅的屋顶造型直接模仿摩尔斯水槽。

8

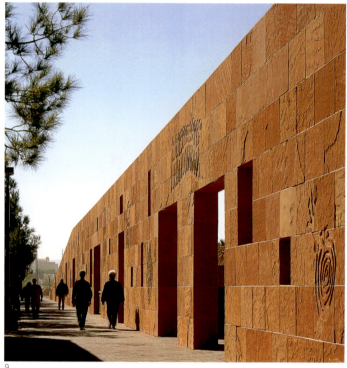
9

10

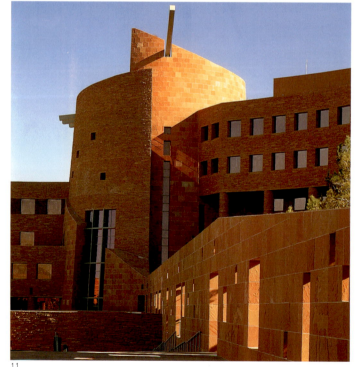
11

8　火焰山国家公园大峡谷中的摩崖石刻
9　入口石墙处的岩石雕刻
10　大峡谷石壁,火焰山国家公园大峡谷
11　光从入口石壁洞口处透射的景象
右页:
　　翠松掩映下的甬道激发了人们进入综合体探究一番的欲望

摩尔斯水槽

"摩尔斯"是一位美国印第安帕尤特(Paiute)族人的名字。他生于19世纪晚期,所居之地就是现在的拉斯韦加斯。一段时间摩尔斯一直在科罗拉多河的一艘渡轮上工作。但他与殖民者不合,便流亡到深山峡谷中,也就是现在的火焰山国家公园大峡谷。摩尔斯之所以能在那种恶劣的环境下生存下来是得益于沙漠中的"水槽"——那是岩石凹陷之处。它能在倾盆大雨之后将雨水蓄留一段时间。在大峡谷磨崖石刻谷底,由于摩尔斯水槽绝妙地隐藏在迷宫般的岩层中,所以它成为火焰山国家公园大峡谷的游览胜地。

当沙漠景观系列开始成为设计者的设计理念时,摩尔斯水槽便成为其中的符号——一艘装载物资的军舰,一处避难所——既是具有感召力的隐喻,又可统领其他各处景观。

当参观者步入综合体,会发现一处躲避沙漠烈日、深幽隐蔽之所。设计者将这一中央圆形大厅视为主要的组织元素,其余建筑体皆可由此处生长。

13

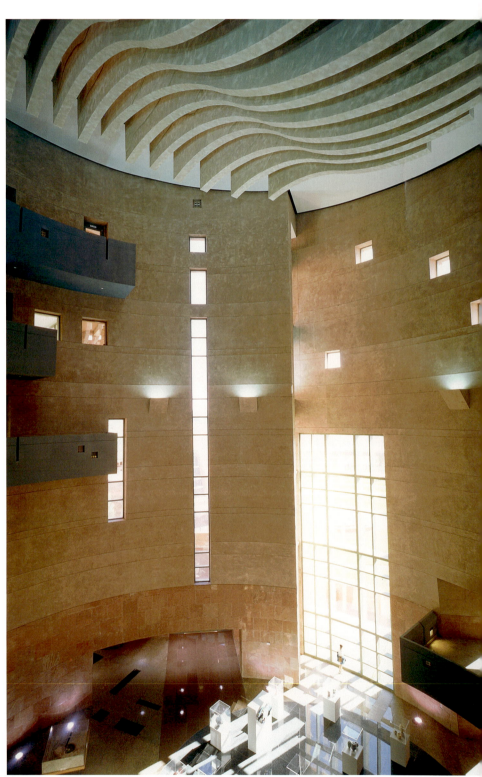

14

13 摩尔斯水槽
14 室内大厅,圆形中庭
15 综合体立面
16 圆形中庭拔地而起好似高耸的石壁

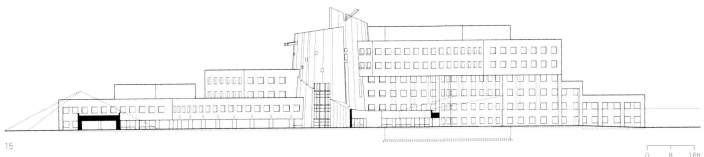
15

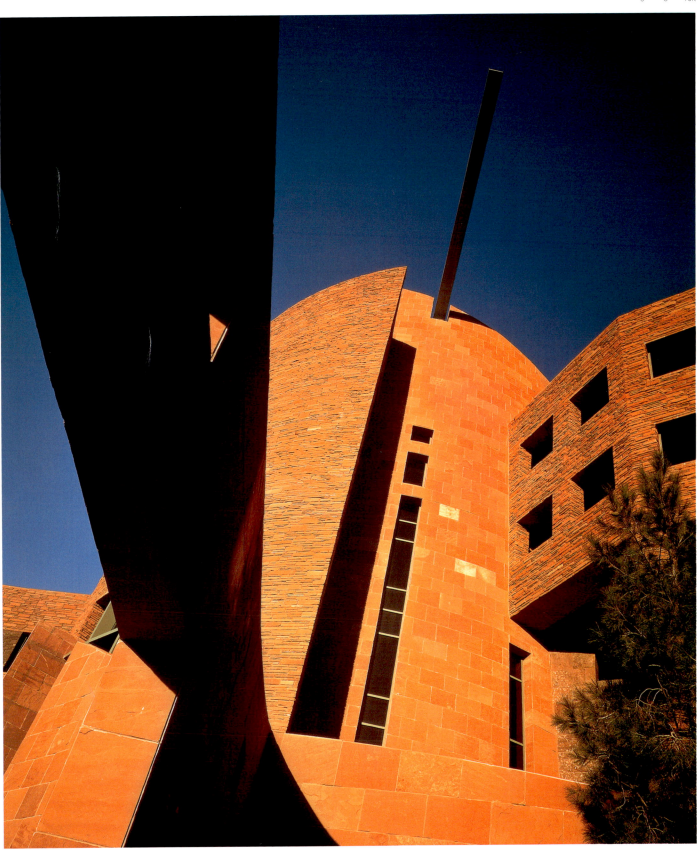
16

科拉克县政府中心 101

沙漠绿洲

"在竞赛前的一次鸡尾酒会上,我听见人们说'我们只是普通人,既不是广告女郎,也不是赌徒或商人。'他们渴求在这块带状地段上能出现一种转变。希望它既是一处多元性场所,又是一个独立元素,同时还具有供市民团体集会的场所感。这就是在公用设施上又增建了一个圆形露天剧场的缘故。如果你去那儿听一场古典音乐会,你就会对拉斯韦加斯人有一种全新的认识,而这远非是你单纯去游乐场所所能感受到的。"

柯蒂斯·芬特雷斯,首席设计师

掩映在松柏下的县政府中心围绕其多功能庭院展开。遮阳的环状拱廊成就了综合体的曲线形式。与建筑中的柱子呈辐射状种植的三排树木圈出绿草茵茵的坡状圆形露天剧场。剧场中央抬起的平台被用作舞台。这一露天剧场占地一亩半,直径280英尺(约85m),几乎可适用于任何形式的较大的公众集会、歌舞剧和庆典活动。它是社区和公众生活的中心。而柱子和苍松则构建了城市秩序,为市民和社区活动提供自然的室外环境。

庭院中一块润泽的草坪渗进综合体内。这片碗状草地不论是视觉上还是触觉上都具有可亲性,它象征了一处被细致、经济地使用并最终赋予仪式和符号特征的水域。

17 黄昏下的庭园
18 游人汇聚听音乐会的庭园景象
19 采光天窗(右),从上部窗户透射出的灯光烘衬出音乐舞台
20 庭园表现图
21 人们在舞台前的阶梯状草坪上野餐的景象
22 阳光下的庭园

17

18

19

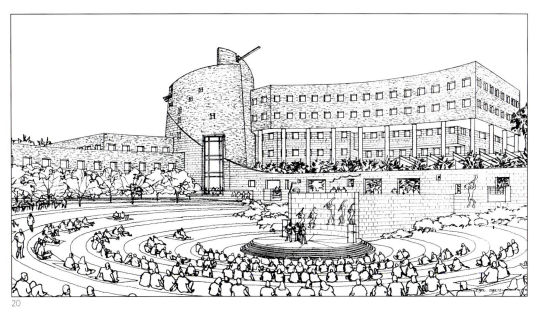

20

21

22

科拉克县政府中心 103

23 方石堆与沙岩构筑物形成鲜明对比
24 摩尔斯水槽是这一地区许多峡谷"岩石洞穴"中的一个
25 各种几何形体竞相争辉
26 遮阳的拱廊蜿蜒至中央圆形大厅

石壁与石柱

当建筑师在对建筑功能与激发其设计灵感的自然景观反复琢磨时，他们发现不论是在工程方面，还是在美学方面将上层楼层做的比下层宽皆是最好的处理手法。于是，他们将下层局部挖空，仿佛水和风将岩石层侵蚀掉一般，有的地方只留下"石柱"。这种上为沙岩构筑物，下为方石堆，平面呈犬牙交错的形式模拟了岩石表面被风、水侵蚀的质感。

"碗状"构筑物——一种折叠的形式——隐喻沙漠冲刷地蜿蜒回转的势态，同时也是表示欢迎的形式，以象征政府开明、亲和的姿态。随着峡谷石壁的升高，它们将游人团团围住，给人一种身居室内的感觉。这间峡谷"房"相对沙漠而言同城市广场对于城市而言一样，是一个用以聚会和避难的纪念性空间。与大峡谷石壁充当了沙漠的背景和形态供给者一样，政府中心充当了公众社团活动的背景和支撑体。

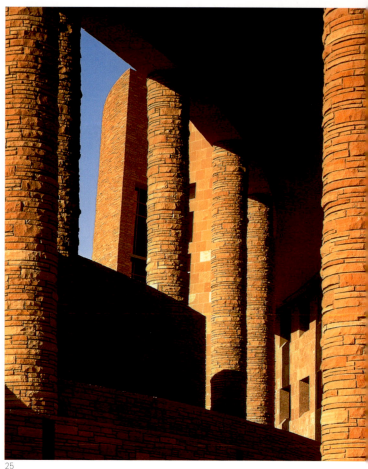

科拉克县政府中心

山

　　孤独峰，这座从拉斯韦加斯便可望见、形态适中、呈金字塔状的山峰，成为咖啡厅形态的构思来源。靠下的狭长型窗户呈曲线状与有棱角的建筑形体构成对比。金字塔顶部的狭长开窗与室内落地灯照明相结合，使人从室内便可感受到大自然明快的天空色彩。

28

29

30

31

28 孤独峰,拉斯韦加斯附近
29 金字塔上呈曲线状的狭窗
30 金字塔夜景,室内照明
31 天窗赋予室内愉悦的情调

32　仙人掌
33　以尖角为母题的图案在木板装饰上的重复使用
34　屋顶上采用"尖角"形式的天窗
对面图：
　　屋顶天窗体现了棱角分明的沙漠形态特征

仙人掌

　　轮廓清晰、棱角分明的仙人掌为委员会议厅提供了创作意象。屋顶空间是一个复杂的天窗采光网。它使人想起仙人掌遍布全身的刺，这一大部分沙漠生命体所具有的尖锐边缘的特征。室内也到处是这种元素。做成尖锥状凹槽的天窗呈放射状穿越屋顶空间。

32

33

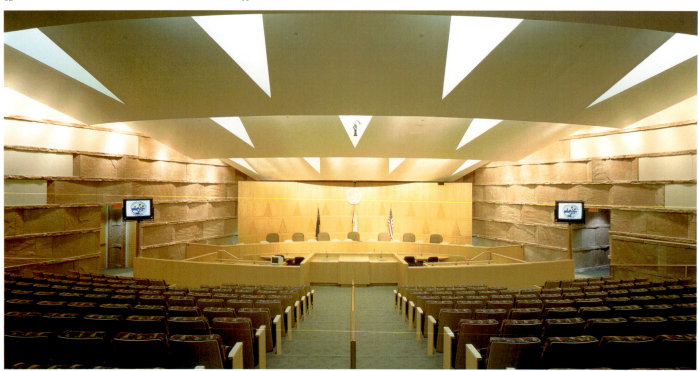

34

36　综合体标准层平面
37　光从石壁缝隙透射的景象，火焰山国家公园大峡谷
38　被侵蚀的形态激发了设计师的创作灵感
39　顶上覆有天窗和遮阳板的六层圆形大厅
40　圆形大厅中的三角形楼梯
41　以沙漠之花为造型的落地灯
42　灯火通明的藻井与地面圆形图案相呼应
43　圆形大厅的地板

日光下的庇护所

在综合体的圆形大厅内，建筑语汇更加具象。大厅中蓝色花岗石铺地隐喻水这一沙漠中珍贵的资源。黑绿色阳台则隐喻大峡谷中一簇簇有着惊人生命力的植被。墙上无规则开凿的窗洞与天窗下的遮阳板一同模拟光从岩壁缝隙中透射的景象。就连大厅内落地灯的形态也取自沙漠中花朵和缠绕这些稀有花朵的藤类植物。

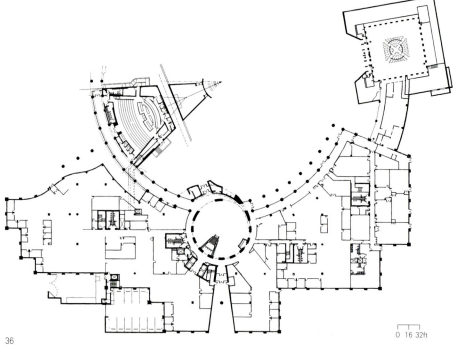

36

37

38

39

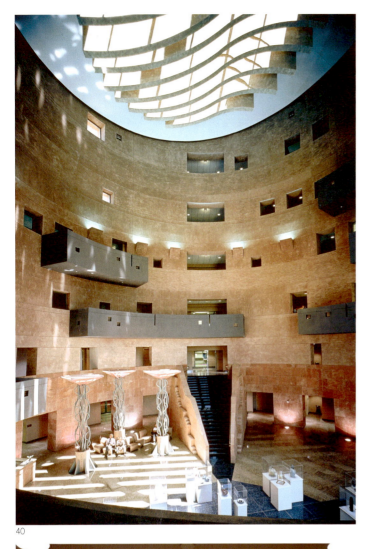
40

41

42

43

科拉克县政府中心

自然资源楼
Natural Resources Building

设计／竣工　1990/1992
奥林匹亚，华盛顿州
行政部，华盛顿州
办公室和实验室
329,000平方英尺／30,471m²（六层）
钢框架混凝土核心筒，耐酸预制混凝土，
粉墙灰泥，石灰石，石材，水磨石，木材
地区：美国西北部；气候温和的雨林地区
环境：华盛顿州首都综合体

1

位于华盛顿州奥林匹亚的华盛顿州国家自然资源楼是一个集州林业部、农业部、渔业部为一体的机构，拥有1200名雇员。建筑既要求反映这些机构的职能，又要求与现存有着巴黎美术学院艺术风格（Beaux Arts-style）的华盛顿州首府校园建筑相融合。芬特雷斯·布拉德伯恩事务所在一次国家竞标中一举中标。

借助长675英尺（约206m）、呈柔和曲线的立面，国家资源楼整体呼应西部的首都校园，只在基础处与东部相呼应。和校园那条缓和的曲线相吻合，柱子也由粗壮变得纤细。同时，南立面绿色桁架下的柱子也是对树干——大楼内一个部门所管辖的资源——的隐喻。重复排列的"树"状柱还形成构造上具有围合感的顶盖。东部尽端的露天广场——既是建筑曲线延伸之终结，又为"柱林"之边界——与一处风景宜人美似公园的地方连在一起。景观上，借助图案模拟海滨、卵石铺砌的海滩、沼泽地、草地及森林边缘地带，展现了华盛顿州周边地貌的丰富性。

大楼的聚焦点是一个六角形的中央大厅。它不居于楼的中心，但却处于东部校园轴网的轴线上。这种不对称格局造就了地段的丰富多样性。中央大厅位于走道系统的交界处，成为一个方位点。身处中央大厅，使用者能快速地辨别方位，找到其他的部门。大楼的公共功能部分集中安置在大厅内及其四周，以方便公众使用。

节能是设计的首要目标。楼内的照明系统将自然采光与人工照明综合使用，照明的范围可从建筑周边1/3处直到大楼内部空间的完全照明。同光感应器类似，能量监控器与整个校园系统结合使用。大楼南部暴露于外的悬吊物直接获取太阳光，从而使被反射的日光避开广场而进入室内。借助机械空调系统，主导风被用来辅助空气调节。而该系统的阻尼可将进风口的新鲜空气流量调节至百分百。此种措施已使自然资源楼比附近的办公大楼节能30%。

最高标准的室内空气质量指数也得以实施于该楼的设计中。为使光、热等散发量减至最小，分包商及供应商被要求严格遵守材料标准。交工使用之前，整个大楼进行了90天的冲刷，以去掉通常存于新建筑物内的有害气体。

1993年，由于成功地设计了自然资源楼，芬特雷斯·布拉德伯恩事务所被授予建筑与房屋节能杰出奖（the Architecture and Energy Building Excellence Award）。设计的评定和奖励是建立在能量性能、能量相关元素的处理、气候应答设计及创意的基础上的。

1 夜景，东北立面
2 带中庭的西立面
3 模型，展示与州首府建筑的定位关系
4 总图

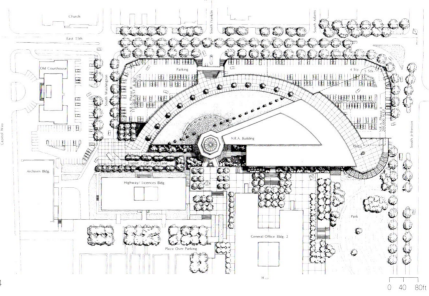

自然资源楼 113

5 主要层平面（下）至最高层平面（上）的平面图
6 以树作为参考造型的柱子上的绿色桁架
7 在能源大楼悬臂梁下观赏到的中庭景象
右页图：
　东北立面

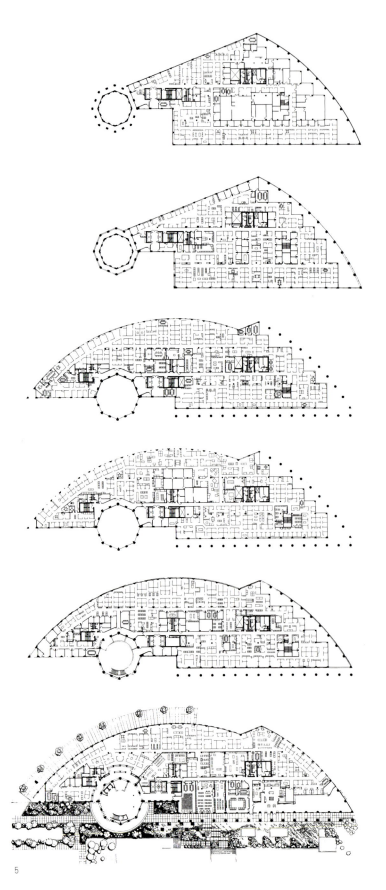

5

6

7

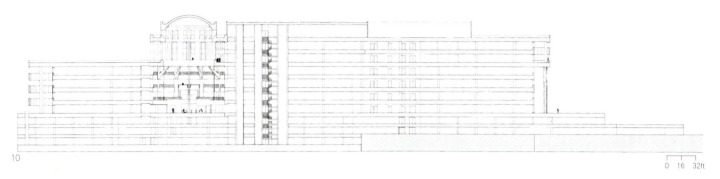

左页图：
中庭将阳光引入建筑内部
10　剖面，南立面
11　休息区沿洒满阳光的中庭四周布置
12　圆形中庭喜迎宾客

自然资源楼　117

拉里莫尔县司法中心
Larimer County Justice Center

设计／竣工　1999/2000
柯林斯堡，科罗拉多州
政府中心
170,000平方英尺／15,790m²
石材，砖饰面，粉饰灰泥，金属屋面
地区：美国西部
环境：19世纪末砖石建筑

拉里莫尔县司法中心设计竞标的意图是建一幢能与科罗拉多州柯林斯堡地区的历史建筑风格相融合的威严的城市建筑。竞赛主办者也希望设计能通过拓展至复合街区的方式来使坚固的结构和外部公共开敞空间保持平衡。

芬特雷斯·布拉德伯恩事务所立足当地的建筑传统，将建筑延伸至基地边界，入口置于转角处，呈对角线定位。设计将较低的体量置于基地边界，入口设于基地东北角的六边形中庭处，斜向插入这一二层高的以线形为主的基本形体。尽管该建筑在这个以2~4层楼为主体的地区建有5层，但它并没有盛气凌人地对待它的邻居，而是以谦卑的姿态将顶部三层向后退。建筑外立面为沙岩和砖，二者组成的图案加强了建筑二层高的基座，而上部则运用了当地通用的建筑符号——砖壁柱和拱廊。设计沿袭了当地竖向重复排列、比例均衡的窗户的做法，从而形成极富韵律的水平线条。巨大的市政标志和色彩明快的砖砌壁柱在建筑的顶部和大面山墙相接。

法院西南处有一主要的公共广场，在那里可俯瞰公园，广场上设有喷泉和一个供午餐时间演出及公共集会的圆形露天剧场。作为总体规划的一部分，一条穿越几个相连建筑体块的步行廊道加强了建筑物及其外部空间的行人尺度。

建筑内有14个法庭，其空间可扩展成三个。建筑以三条相分离的环形线路为特色：一条供公众使用，一条为法院工作人员使用，另一条则是供押送犯人使用。楼内各部门的安排定位是以接待公众的客流量需求来确定的，使用最频繁的服务设施被放置在首层。

1 东北立面，主入口
2 石砌墙体的六边形中庭
3 入口雨罩
4 总图

拉里莫尔县司法中心 **119**

左页图：
西南立面，拱廊景致
6&7 西南立面，后方出入口
8 南立面出口

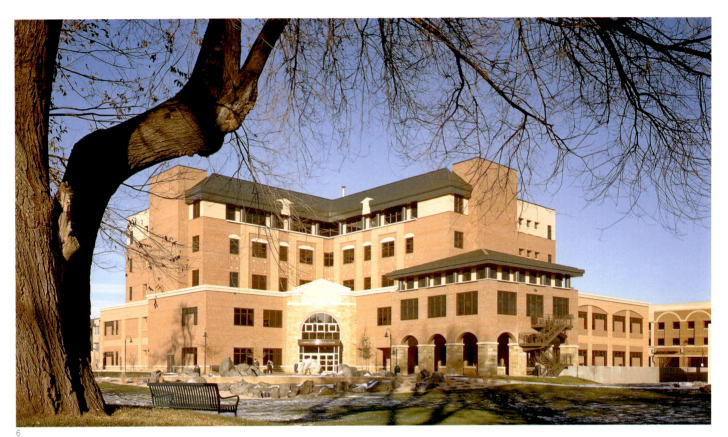

拉里莫尔县司法中心

9 较低廊道空间下的轻微发券
10 圆形入口悬挑空间使县公务员办公室引人注目
11 从西南入口向下俯视大厅的景象
12 法庭
13 法院图书馆
14 标准层平面图
15 主要层平面图

9

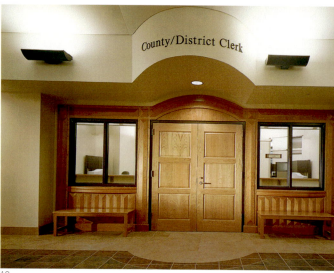

10

12

11

13

拉里莫尔县司法中心 123

市镇中心停车楼
Civic Center Parking Structure

设计／竣工　1998/1999
柯林斯堡，科罗拉多州
柯林斯堡
305,000平方英尺／28,335m²
900辆车位
15,080平方英尺沿街零售面积
装配式建筑，钢和混凝土

芬特雷斯·布拉德伯恩事务所最终取得了该竞标项目的设计资格，着手设计这一四层高、拥有900个车位的市镇中心停车房，用以解决新建拉瑞莫尔县司法中心、城市办公大楼以及附近零售商店顾客的停车场的需求。

该建筑在沿街一层提供15,000平方英尺(约1,395m²)的零售面积。设计上融合了相邻的有历史代表性风格的店铺特征，将其巨大的体量隐藏在一系列通过细部设计赋予个性的立面中。芬特雷斯·布拉德伯恩事务所用世纪之交的砖石建筑来改变建筑体量和车库的巨型空间，从而达到与周围建筑相协调的效果。

比例均衡的开窗和凹进的矩形洞口与周围的历史建筑形成连续的景观。细部设计还将该建筑与新建司法中心联成一体。司机可从两个分别位于建筑两侧的三车道出入口处进入停车场。位于中央的车道可随一天中不同的时间段来改变行进方向，进而更大地提高进出口的车流量。这一可变设计可尽量减少阻塞现象，并明确地划分车流与人流。

 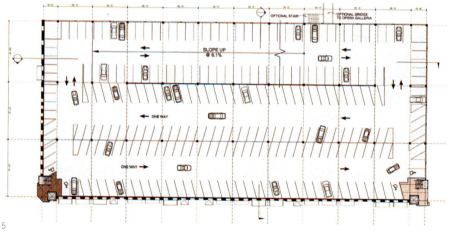

1　主入口
2　设主要行人入口的侧街立面
3　横向断面
4　立面图
5　平面图
6　纵向断面
7　有着不同店面风格的主要大街立面
8　街巷入口，天桥通向右边的购物长廊

7

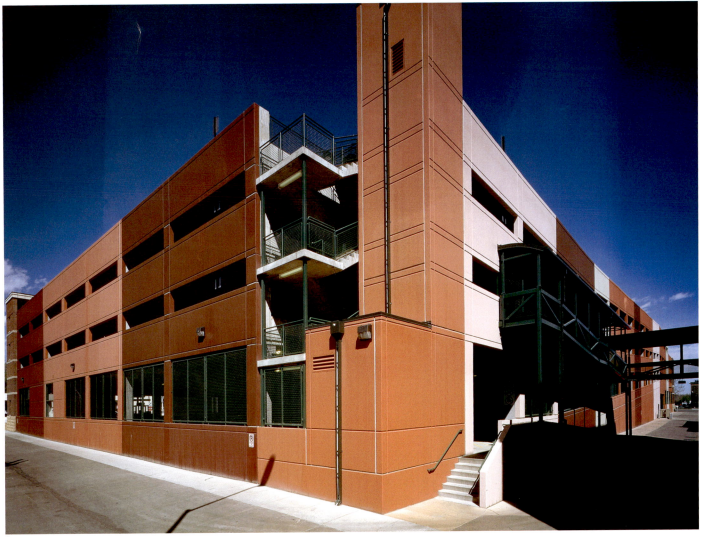
8

新建马德里航站楼区／巴拉哈国际机场

La Nueve Área Terminal del Aeropuerto Madrid/Barajas
(New Terminal Area for Madrid/Barajas International Airport)

1997
马德里，西班牙
Aeropuertos Espanoles
y Novegacion Aerea 机场
39,700,000 平方英尺／368,851m²
38 个登机口，每年接待 3600 万旅客
混凝土、钢、玻璃、拉应力结构
地区：西部地中海
环境：现有机场

芬特雷斯·布拉德伯恩事务所在 1997 年设计马德里—巴拉哈机场新航站楼区的项目中，运用高技处理手法使古老的形式重现活力。

利用马德里所处纬度的光线变化，设计采用拉应力结构屋顶，形状为西班牙典型的拱形。从外表看，该建筑具有地中海地区建筑轻快、透明的外观风格。内部，该屋顶结构将光漫反射进室内，赋予它敞亮的空间特质，使室内浸没在光和流动的空气中。每一航站楼尽端的大型玻璃幕墙和屋顶上等间距的天窗，将漫反射光和直射光混合一体，给旅客以清晰的时间感。

屋顶成柔和的波浪曲线状拱起，罩在中央大厅那巨大的拱形空间上。拱形、呈格子状装饰的屋顶结构和售票区与中央大厅中的柱子和拱券既是结构部分又是传统西班牙建筑的体现。色调、回廊、凉廊、内部天井、画廊、凉亭以及屏障还反映出伊比利亚半岛的建造传统，其中有摩尔人和罗马人的影响。

地面在铺设地毯的休息区与当地花岗岩之间交替变换。室内色彩的土色系列是从马德里平原上的当地材料中提取的，范围从赭土到烧制的黄土。

1　从停机坪看航站楼的模型景象
2　平面图，右边为狭长的集会广场
3　计算机渲染图——灯火通明的航站楼
4　模型，从入口通道处看

1

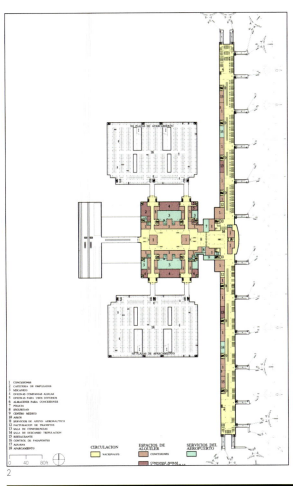

新建马德里航站楼区／巴拉哈国际机场

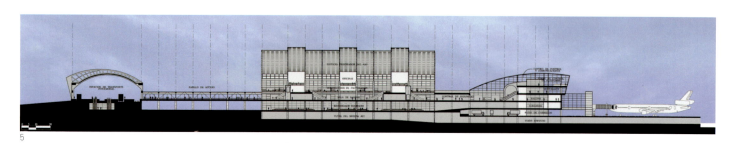

5 穿中央大厅的断面图，对陆面至对空面
6 中央大厅断面
7 从停机坪处观航站楼夜景，其后为拱形的中央大厅

6

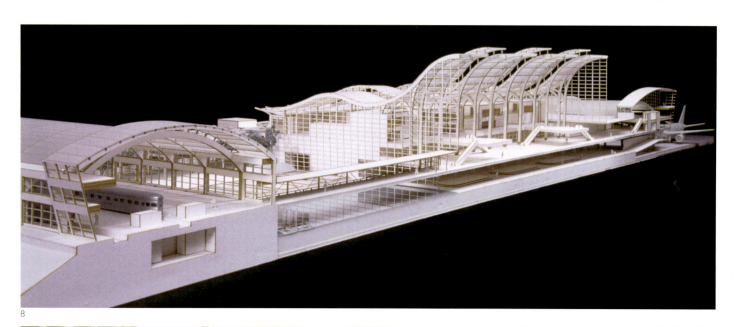
8

9

8　模型断面，左边为火车站
9　中央大厅内部模型，屋顶构架下的拱券
10　售票大厅室内渲染
右图：
　　中央大厅室内渲染

130

维也纳机场扩建

Flughafen Wien
(Vienna Airport Expansion)

1999
维也纳,奥地利
机场扩建
加建24道门,售票大厅扩建一倍
机场临近郊区发展总体规划

芬特雷斯·布拉德伯恩事务所在维也纳国际机场航站楼综合体扩建的国际竞赛中获荣誉提名。该公司被邀请与另外15家建筑事务所竞争,项目要求扩建两倍于现有的航站楼和加建24到登机口。

基地边界是一条已经连有机场许多部分的环形通路。芬特雷斯·布拉德伯恩事务所没有采取填满环形场地的做法,而是力图压缩项目,将功能压缩进一个单一的建筑形体中。这使得机场以有针对性的方式与城市总体规划相连,且相对邻近的高速公路来说它赋予了基地难忘的体验。

设计的成果是一个有环形通路的直径之长的长条形透明的线形体。该结构将基地中所有的建筑体组织成一体,并探入景观中,悬浮于底层架空的柱子上,从而人们可自由地从建筑的一边到达另一边。建筑总高六层,它将旅客直接引导至往返租车处、停车场、零售商场以及机场主要售票厅、行李认领处、中央大厅。设计还在建筑的顶部几层和离机场最远的端头安排有215,000平方英尺(约19,974m²)的办公面积。

建筑体内部,旅客离开停车场要去往售票厅和中央大厅时,他们只能沿一个方向走。当旅客沿建筑通透的一侧行进时,他们有着开阔的视野,可看到优美的景观,并可快捷地进入零售商场。这一包裹着建筑的开敞的金属网状结构不仅仅是寻求美学上的刺激,同时还起着衬托基地景观和遮阳的功用。

1

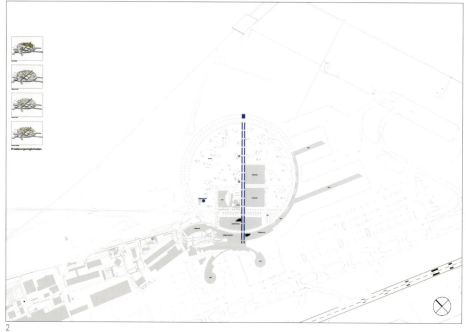
2

通过将功能压缩进横穿基地的惟一的线形体,设计赋予景观极大的空间自由度,使其更回归自然——那是一般机场很难看到的宜人景色。静态、简洁的建筑形体,采用着令人心情愉悦的蓝色,在很远处便能引人注目——一个即刻便可被认知的维也纳的城市标志物。

1 西立面,从西北角度观看
2 总平面
3 东立面,从东南角度观看;中间为新建登机口
4 位于后面的线形体与前端现有的曲线形中央大厅相连
5 模型,展示环形通路
6 平面图
7 平面图,展示新建登机口呈曲线与通道相连

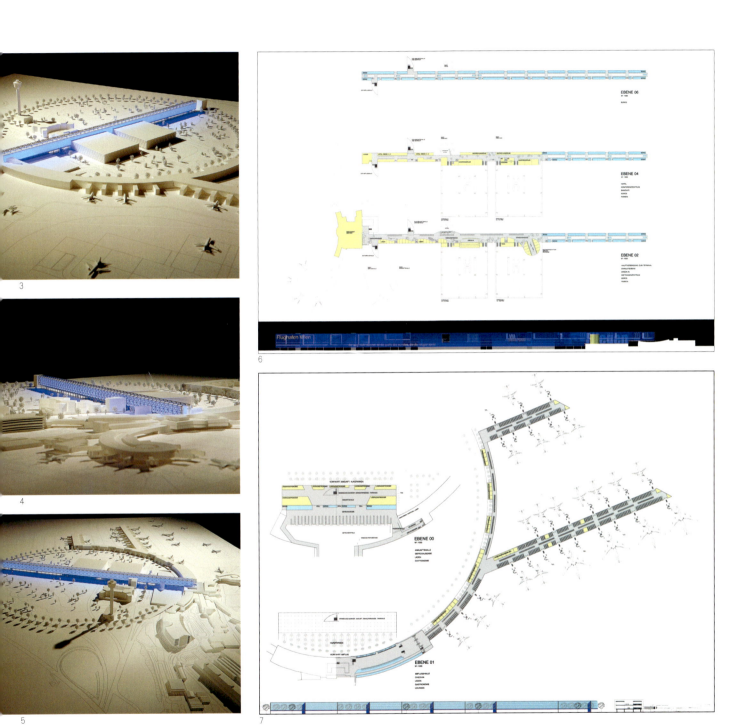

休斯中心
The Hughes Center

设计／竣工　1995/1999
拉斯韦加斯，内华达州
霍华德·休斯公司
风险投资办公大楼
3883号霍华德·休斯林荫大道，12层
209,475平方英尺／17,187m²
3790号霍华德·休斯林荫大道，
9层 210,00平方英尺／19,509m²
花岗岩，玻璃，石材，木材
地区：美国西部
环境：办公区

芬特雷斯·布拉德伯恩事务所在赢得两次竞赛后被邀请设计位于休斯中心的投机商务办公大楼，休斯中心是一片由霍华德休斯公司所有并发展和管理的A等级办公区，位于距内华达州拉斯韦加斯的带形地约一公里远的地方。该事务所紧接着被任命设计第三栋大楼。

霍华德·休斯林荫大道3883号

1995年第一次竞赛是围绕位于驱动器公司和霍华德·休斯林荫大道主要交叉口的12层高的办公塔楼而进行的为期四周的专家研讨会。这幢用于风险投资的A级高层办公塔楼是办公区的焦点。当访客进入休斯中心时，首入眼帘的便是这幢居于入口轴线端头的办公大楼。

大楼中心的圆形接待大厅呈缓和曲线凸出，强调了霍华德·休斯林荫大道的柔和曲线。建筑外表面的花岗岩还被用于内部墙面和二层高的室内大厅地面上。建筑的适应性体现在公司前门上，首层租赁者除了直接从主要大厅进入外还很喜欢从那儿进入。

建筑通过一条开敞荫凉的拱廊与车库相连。拱廊限定了一独特的室外入口庭园，庭园中摆放有雕塑和对建筑入口起引导作用的礼仪性的棕榈树。按等级划分，来访者车库可容纳90辆车，正式职员车库则有610辆车的停车位。

霍华德·休斯林荫大道3993号

1998年的设计竞赛不如第一次时间长和正式。许多在第一幢建筑中的设计特征影响了第二次。这幢8层高、A级、租赁户多样化的办公大楼外饰面采用波罗的海褐色花岗岩和2层高的磨光花岗石基底。2层高的入口圆形大厅室内采用花岗石、石灰石、木材营造一种戏剧化、愉悦的迎宾气氛。入口通道的曲线形在整个8层都得以体现，在建筑上形成凸窗，拥有后至拉斯韦加斯带形地、前至高山的全景视野。从而办公室从底到顶的任何位置任何方位都具有绝佳的视野。

霍华德·休斯林荫大道3790号

芬特雷斯·布拉德伯恩事务所受委托设计这一9层、210,000平方英尺（约19,530m²）的风险投资大楼。它位于休斯中心最后可供使用的其中一块基地上。花岗岩和玻璃构成的外立面与洞口使该建筑与休斯中心的其他建筑成为一体，而面向林荫大道的戏剧性的正立面则赋予该建筑无穷魅力。主要大厅的室内饰以石材和木材。建筑前部的绿色空间为休斯中心营造了一片新型的、公园性质的公共区域。

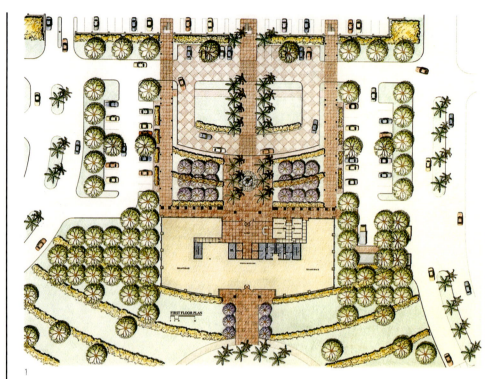

1　霍华德·休斯林荫大道，3883号总平面

2　模型，中间为3883号，上边为3970号，下边为3993号
3　模型，空中俯瞰，3883号处于休斯中心入口轴线上
4　霍华德·休斯林荫大道3993号
5　霍华德·休斯林荫大道3883号楼层平面

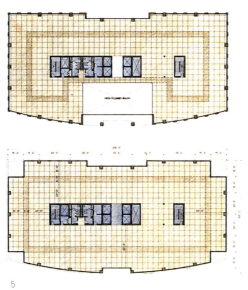

6 霍华德·休斯林荫大道 3993 号

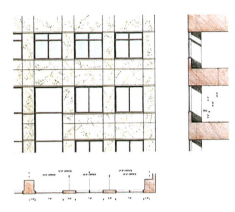
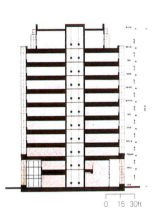

左页图：
　霍华德·休斯林荫大道 3993 号
8　霍华德·休斯林荫大道 3883 号立面细部
9　霍华德·休斯林荫大道 3883 号楼前广场表现图

10 霍华德·休斯林荫大道3993号休息厅模型
11 霍华德·休斯林荫大道3993号休息厅模型立面
右页图：
　　霍华德·休斯林荫大道3993号休息厅

AEC 设计竞赛，1996 年
The AEC Design Competition 1996

1996
长滩，加利福尼亚
第二年度 AEC 设计竞赛
本特利体系有限公司
商住一体的城市设计
6 幢商业建筑：3,400,000 平方英尺
／315,860m²
5 幢居住建筑：1,600,000 平方英尺
／148,640m²
6000 辆车位
地区：美国西部海滨
环境：城区边界海岸线

1996 年七月，芬特雷斯·布拉德伯恩建筑事务所赢得了第二年度 AEC 设计竞赛。竞赛由工程软件制造商本特利体系有限公司赞助主办。任务是设计一片商住一体的再开发区，该区位于加利福尼亚的长滩，为占地13英亩（约5.26hm²）的海边用地。基地以前曾是一个娱乐公园，也是国家所保留的最大一批沿海城市用地中的一块。任务的挑战性在于形成一片既有助于促进长滩市成为重要的西部沿海商务中心又能在用地内将商业和居住紧密结合在一起的区域。

芬特雷斯·布拉德伯恩建筑事务所使该项目成为一次建造介于直线形城市网状结构和多样性波浪状海滨边界之间的衔接体的机会。当两种完全不同的图形相交，便产生第三个实体，它与前两者有相似之处，却自成系统。

当综合体接近海岸边缘，呈直线形运动和发展的长海滩商业区的图形开始在用地内转换、变形，形成呈辐射状的街道和建筑组群图形，并自然生成公园、城市广场和其他开敞空间。图形转换的设计理念在建筑体量和立面上依然得以应用。当外表皮经处理与倾斜的阶梯状平面相吻合时，建筑自身开始从底层平面简洁的地面板材向更复杂的形式发展。

与周围都市建筑最相吻合且最靠近城市的是办公和旅馆这些商业建筑。其次是居住建筑，它朝海滨方向从中高层开始成阶梯状降低。高层建筑形成独特的天际线，并充当了面向海岸的中高层社区的背景。

极具挑战性的是缓坡状的基地与停车要求。利用台阶、坡道和平台，设计解决了基地内从海边至城市边缘16英尺（约4.88m）的高差。芬特雷斯·布拉德伯恩建筑事务所的设计将车库阶梯状布置与城市广场下，从而解决了6000辆停车位的要求，同时使停车既便于到达又不干扰视线。

居住建筑成放射形布置且面海跌落，完成从高层向低层的转化。这一轮廓使居住单元有着更开阔的观海视野，并加大了阳光的入射深度。当建筑跌落时，它们作用于车库结构的边界，形成具识别性的进入停车层的入口，并设置坡道或楼梯方便人们抵达广场。

随着对运动和转化理念的进一步强调，居住建筑的立面在微妙地变化，随平面的不

同覆以冷色调的玻璃或饰以暖色调的拉毛粉饰。景观方面也显示出相似的结构。参照基地先前的使用情况，地面铺装和植物随基地位置的不同而转换着图形，且成波浪形和与娱乐公园的马道及建筑相呼应的抛物线形。

设计提供了15层之多的两种带阳台和观海平台的户型供住户选择。一种是一个工作间带一间卧室，一种是两间卧室。同时还设有同样宜人的温泉场、泳池和健身中心。

芬特雷斯·布拉德伯恩建筑事务所从最终的三个入围者中脱颖而出。这其中有佐治亚州亚特兰大库柏·卡瑞合作事务所，以及来自密苏里州圣路易斯的岛 & 李设计事务所。专家评委有洛杉矶建筑事务所、朱+古丁工作室的安妮·朱、西格钻石公司的凯瑟琳·戴尔蒙兹，以及《建筑导报》的高级编辑吉姆·卢塞尔。

1 展示图板上的立面
2 综合体临海一面的细部设计，计算机渲染图
3 计算机鸟瞰图
4 总平面

大教堂城市民中心
Cathedral City Civic Center

1995
大教堂城，加利福尼亚
市政厅和警察局
50,000平方英尺／4,645m²
天然石材，混凝土，钢，木材，拉毛粉饰
地区：棕榈泉沙漠地带
环境：古老的按郊区尺度
营建的极小型商业区
隐喻：棕榈树和美国本土
进行礼仪活动的圆屋

加利福尼亚主教堂城环绕的沙漠景象引导了芬特雷斯·布拉德伯恩设计事务所设计城市计划下的新市民中心的思路。这一机会的取得缘于公司被邀请参加设计包含有市政厅和警察局的市民综合体——城镇商业区的第一个主要公建。

芬特雷斯·布拉德伯恩设计事务所的设计是通过一条散步道引导参观者穿越介于城镇钟塔和新市民建筑之间的空间序列。当参观者走完城市广场最后一道序列时，两个礼仪性入口豁然于眼前——会议室和中庭，他们采用了上空开敞而非封闭的遮阳构造。

中庭上空桁架的形式令人联想到附近圣哈辛托山脉巍峨的山峰，而金属格架则取材于棕榈树的树叶。会议厅的形式来源于kishumnawut，这是位于喀什拉山谷的美国土著卡惠拉族(Cahuilla)举行礼仪活动的圆屋，其屋顶形式令人想起成熟的管状仙人掌。

3层平面通过将城市公共服务柜台安置在首层，直接远离中庭，提高了它的通达程度。市政厅仍旧为政府机构。市政厅的一面巨大的玻璃窗可让人从柱廊处看到里面，表达了人民政府的民主思想。

借助遮阳构造和凹窗来减少日光摄入量的设计适应了这一地区恶劣的沙漠性气候。有第三大街立面之长的带遮阳构造的柱廊是对古老建筑传统的当代演绎。水景设计手法洗练，沿散步道开挖小水渠，到大教堂城中庭内的室内喷泉结束。城镇广场上两片分离的水墙取材于沙漠水泉的景象，并用减弱喷射力度来模拟传统喷泉的水花被沙漠风吹散的景象。

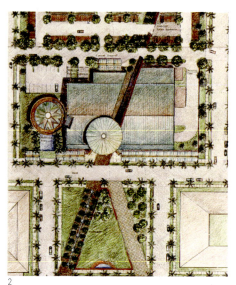

1 中庭表现图
2 总图：中央为中庭，左边为市政厅
3 综合体平面图

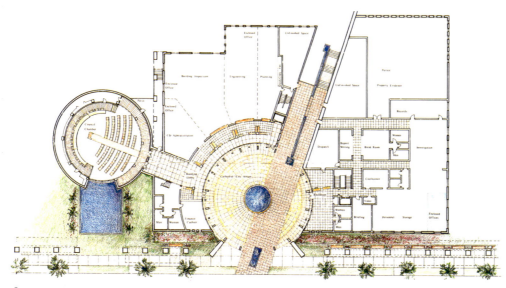

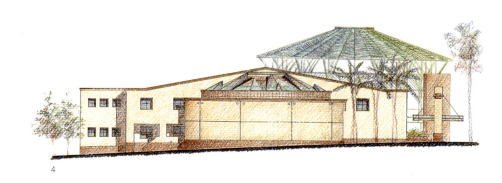

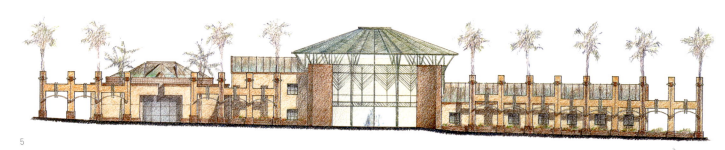

4　北立面
5　西立面，中央为中庭
6　模型，从东南方位观看
7　模型细部
8　南立面
9　东立面
10　中庭模型
11　中庭模型室内，细部

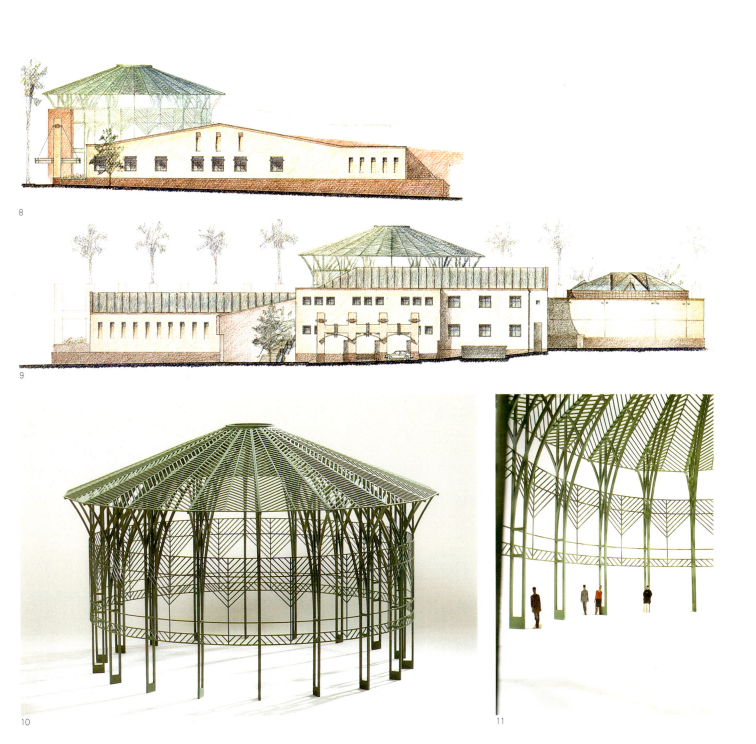

大教堂城市民中心 147

特殊项目
Special Projects

国家野生生物艺术博物馆
National Museum of Wildlife Art

设计／竣工　1993/1994
杰克逊，怀俄明州博物馆
35,365平方英尺／3,285m²
钢结构，混凝土，石材，玻璃，石膏，地毯
地区：美国西部
环境：岩石峭壁
隐喻：再生

为建国家野生动植物艺术博物馆，众多的生态问题必须得到解决。拟建博物馆的70英亩(约28.35hm²)用地在开矿、经营牧场以及后来组织商业性露营活动的利益驱使下早已遭至破坏。基地的大部分地界已被夷平，并盖有3个巨型平台供旅行用的拖车停车。设计师的意图是利用这片有断崖的山坡，从而可使博物馆隐于环境之中，尤其是此处可俯瞰国家麋鹿保护区，且毗邻雄伟的特顿山脉（the Grand Tetons）和黄石国家公园（Yellowstone National Park）。

芬特雷斯·布拉德伯恩建筑事务所设计的建筑被掩饰的像一块裸露的岩石，它既与古老矿场的小木屋有些相似，又有些城堡废墟的味道，与其后的断崖溶为一体。博物馆坐落于破坏地貌的三个平台中的一个上，利用另一个做停车场。车辆隐匿于那些景致优美的崖径、穿越空旷开敞的山谷、一路风尘到此的参观者的视线之外。第三个平台被还原成原先的自然坡地，种上当地草本，意图招引当地的野生动物包括长耳鹿、狐狸和野兔。

博物馆建在东部格罗斯文丘(Gros Ventre)断崖的山坡上，建筑随地形扭转，以环绕山丘的峡谷为旋转轴。设计人员通过重新定位基地的排水系统将这条轴线引入建筑中。从而保持植被能从山丘向下长至博物馆时继续沿峡谷生长。这一潮湿的管道被要求在建筑中不许有任何可见的盖板。盖板隐藏在石头表面下——这一手法有助于建筑与环境融合，从某种意义上讲而，也使得建筑与大自然接触。

1

2

抵达博物馆的路迂回蜿蜒，使博物馆以建筑的形式出现，而当游客接近它时便引退于环境之中，让人专注于对野生动植物的观察体验中。石头的表面赋予建筑可变的外观。当游客终于抵达建筑时，矗立于眼前的是一堵石墙和用剥去树皮的松树树干建成的坡顶雨篷，这些松树是在1988年黄石火灾中幸存下的。

游客进入博物馆，沿层叠的石阶下至峡谷似的门厅，这里可欣赏到周围壮观的高山峡谷。展览馆隐蔽于建筑靠山内侧的部分以控制影响藏品的日照和潮湿问题。

1　博物馆外观模拟上部裸露的岩石景象
2　从峡谷处欣赏博物馆
3　建筑后面裸露岩石的冬季景色
4　总平面

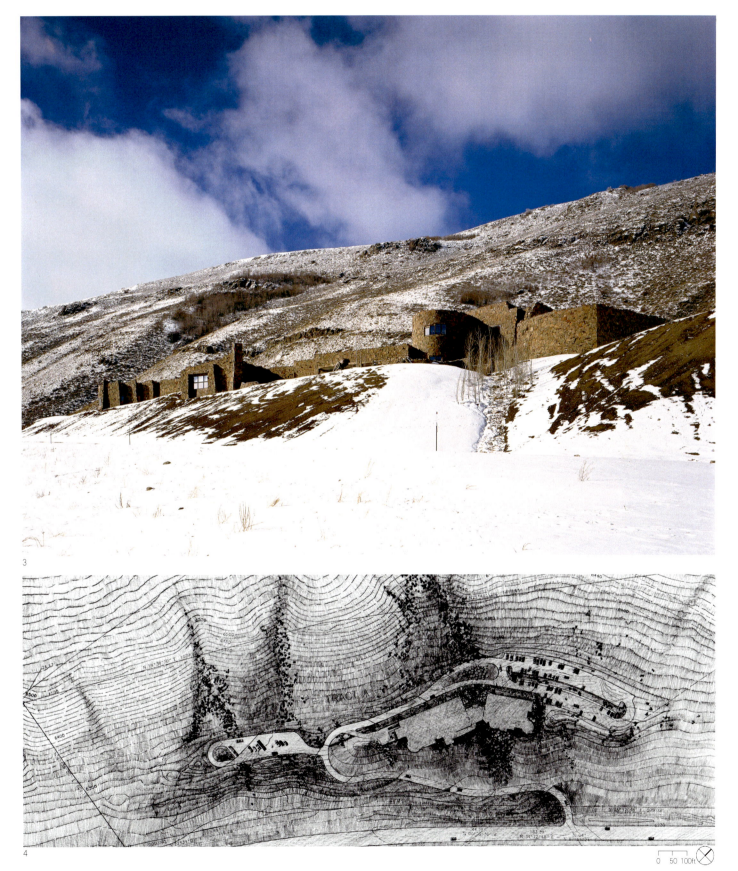

前页图：
　　石头表层的外观令博物馆溶于环境之中
6　围合左边青铜雕塑的天井
7　青铜铸的熊和下面峡谷在冬天的景色
8　石头表面令博物馆与基地协调一致
9　表现图

6

7

8

9

国家野生生物艺术博物馆

10 展示视线设计和太阳入射角季节性变化的断面图
11 入口处的坡顶雨篷和石墙
右页图：
　 雨篷的木料是从1988年黄石大火中幸存下来的

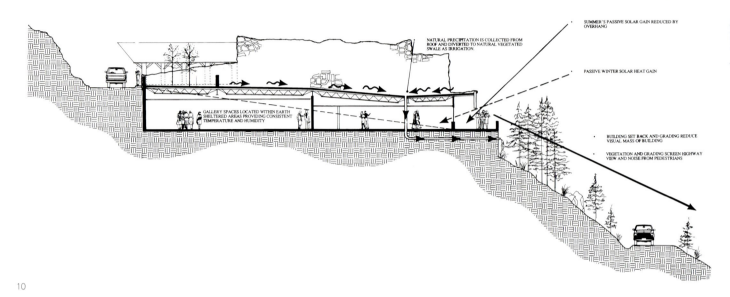

10

11

13

14

13 青铜铸的山狮导引峡谷似的门厅空间
14 游客沿石阶进入博物馆
15 动物足迹蚀刻于门厅地面上
16 平面图

15

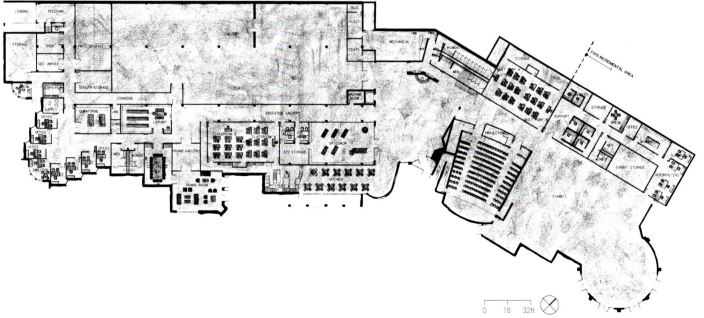

16

国家野生生物艺术博物馆

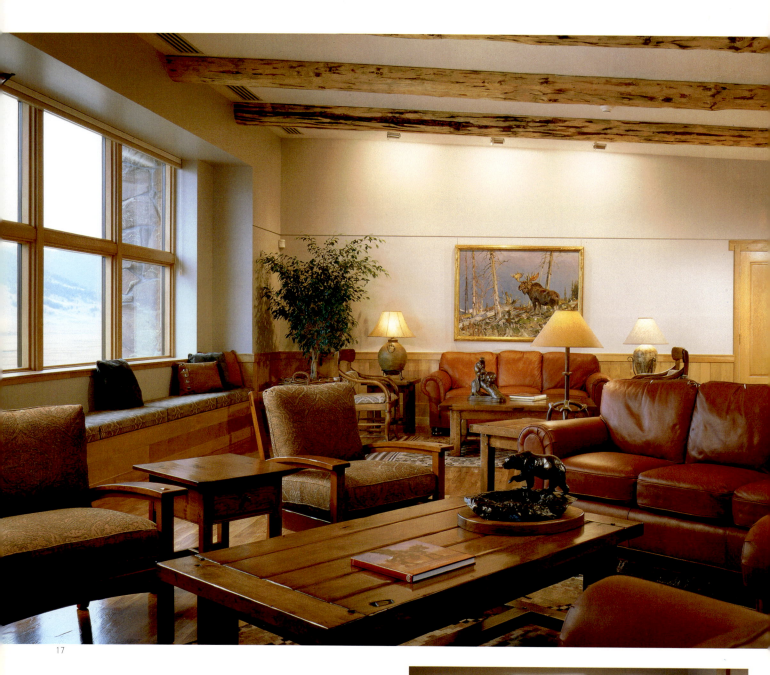

17

18

17　休息室
18　会议室
右页图：
　　行政侧楼的入口

20

21

22

23

20 被上面天窗照亮的图腾柱
21 演示区
22 青铜铸美洲野牛
23 展览馆空间

24

25

24 包括海龟（前景）和海豚的雕塑
25 演示区附近的画廊
26 展示区
27 展览馆中雕塑被重点展示

国家野生生物艺术博物馆 **165**

丹佛国际机场乘客航站楼
Denver International Airport Passenger Terminal

设计／竣工　1991／1994
丹佛，科罗拉多州
丹佛市府和县府
机场
2,000,000平方英尺／185,800m²,
停车：12,000辆，行政管理机构：
250,000平方英尺／23,225m²
94道门，每年3200万乘客
建筑预制混凝土，玻璃，钢缆，
特氟纶涂层玻璃纤维构造，花岗岩，不锈钢
地区：美国西部
环境：山脉与平原的结合处
隐喻：落基山脉

机场高耸而似白雪覆盖的屋顶，受到了附近落基山脉陡峭外形的启发，成为丹佛的标志建筑。作为进入美国西部的大门，丹佛国际机场以其富于创新的设计和独特的场所感而著称，人身处其中，有一种心灵得以提升的感觉。

建筑的34个屋顶采用张拉膜形式的结构，由高150英尺(约45.75m)的柱子支撑。白天，充足的阳光可以通过半透明的膜屋顶进入室内，而无需使用人工照明。晚上屋顶在灯光的照射下宛如平原上明亮的信号灯。充足的自然光降低了照明和空调的成本，节省了大量能源。这样便可以在建筑中种植大量的植被，使休息空间更加亲切宜人。建筑南端的玻璃幕墙高60英尺(18.3m)，宽220英尺(67.1m)，增加了室内的直接采光量，而且屋顶翼形的端部框构出壮观的景色。

大厅让人回想起上个世纪的火车站的辉煌气势以及与旅行相关的不同寻常的经历，这种经历过去有，现在应该依然存在。开放而舒展的设计简洁而清晰，在适当的地方加以强调。两座桥横向穿过教堂似的大厅，起到对旅行者引导的作用，告诉他们在什么地方应该向下走。乘火车去往候机厅。其他的引导标志有悬挂在火车站大厅中的"纸飞机"，引导人们去往行李提取厅，还有花岗石地面上具有方向性的图案也对买票、上车和下车提取行李的乘客起到指向的作用。

在刚建造的时候，丹佛国际机场成为世界上最大的封闭式的整体张拉膜结构建筑，现在仅次于英国的千年穹顶。

1995年，芬特雷斯·布拉德伯恩事务所凭丹佛国际机场的设计而荣获美国交通部颁发的设计优胜奖。

4

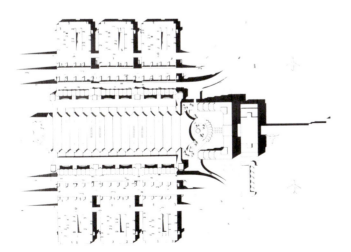

5

1　北部鸟瞰，前景为A航站楼
2　东北角透视
3　航站楼后面冬季黄昏时的景色
4　东立面夜景
5　总平面

6 黄昏时的南立面
7 带天窗的桅杆顶部剖面
8 西南立面：四个带天窗的桅杆顶
右页图：
　南端的玻璃幕墙

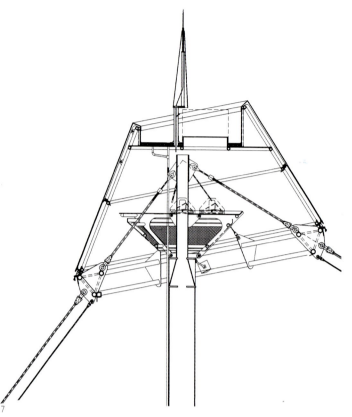

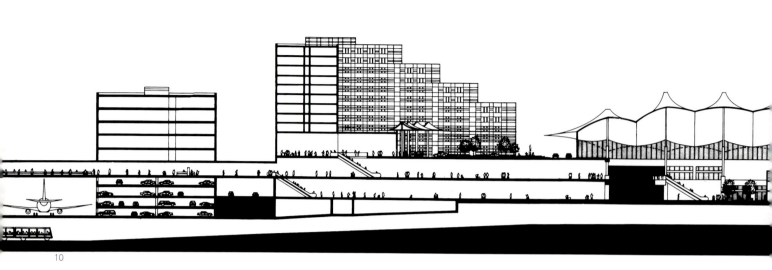
10

11

12

10 航站楼总剖面
11 大厅内部
12 模仿桅杆形式的灯柱
13 自然光通过侧面的高窗进入室内
14 建筑北端的桅杆

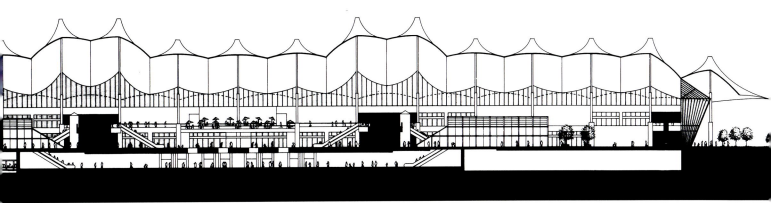

13

14

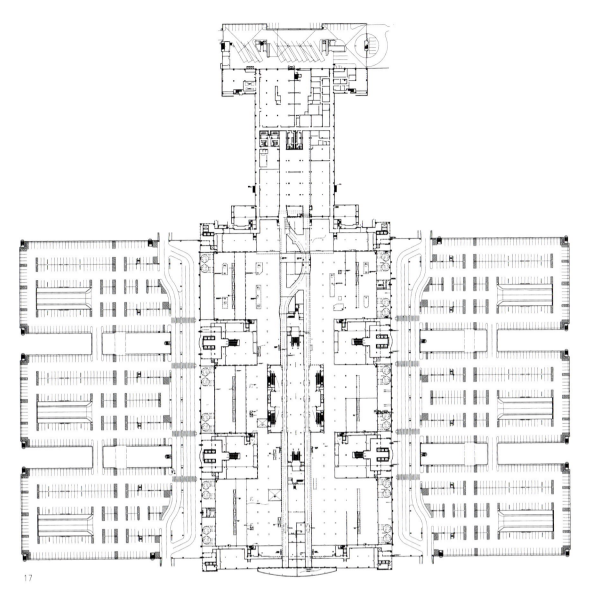

前页图：
建筑南端的玻璃幕墙
左页图：
顶棚的形状与火车站地面上的罗盘图案相互呼应
17　火车站平面：左右两侧为停车场
18　行李提取大厅
19　"纸飞机"引导乘客去往行李提取厅

丹佛许可证中心
The Denver Permit Center

设计／竣工　1987/1989
丹佛，科罗拉多州
丹佛市府和县府
市政建筑
73,000 平方英尺 / 6,782m²
砖，粉墙灰泥，玻璃
地区：美国西部
环境：环公园而建的市政建筑群

这座建筑位于丹佛市民中心公园的一个重要的角部，最初是丹佛大学的法律图书馆，建于1961年。它是一座现代主义风格的建筑，外立面采用条状的竖向分割，强调建筑方盒子的外形。建筑的入口在结构上并没有清楚地标识，但更为严重的是，它与周围的建筑以及中心公园的环境极不协调。

在法律图书馆搬走后，丹佛市政府得到了这座建筑，并决定将散布于城市各处的建设报批机构集中起来。想法是建立一个融入周围环境的完整的许可机构。意识到建筑所处地段的特点以及建筑的风格与环境的极不协调，芬特雷斯·布拉德伯恩事务所选择了改造建筑外立面的方式，使其融入中心公园周围以新古典复兴风格为主的建筑之中。

建筑经过改造可容纳来自建筑审查、税收、规划部门以及交通工程部门的约250名职员。外立面经过改造后与对面的丹佛市政府大楼取得协调，并与附近的丹佛艺术博物馆（吉奥·蓬蒂设计）顶部活泼的曲线外形形成呼应。外立面的色彩和细部改变了建筑原有的特征，增加了建筑的可识别性。

建筑角部的通高的圆形大厅成为建筑的中心，使得入口清楚可见。建筑周围的草地和菩提树也强调了入口，并将地段与附近的中心公园紧密地联系起来。

为了使客户身处建筑时有更佳的方向感，并引入讲究豪华的新古典主义所缺乏的人性尺度，设计者沿着建筑的对角线对建筑的空间重新进行了组织。原来的空间被封闭起来，并改造成一个三层的内部中庭，作为建筑的中心集会的场所，中庭成为交通的节点，使人们可以很方便地到达最常去的公共许可服务中心。

经过丹佛市艺术品规划委员会的批准，设计者在建筑中布置了两件艺术品：一件是以不锈钢为表面材料的氖气灯，悬挂于入口的圆形大厅的上方；另一件是颜色鲜艳的表现都市景观的壁画，作为中庭里的问讯处的背景。

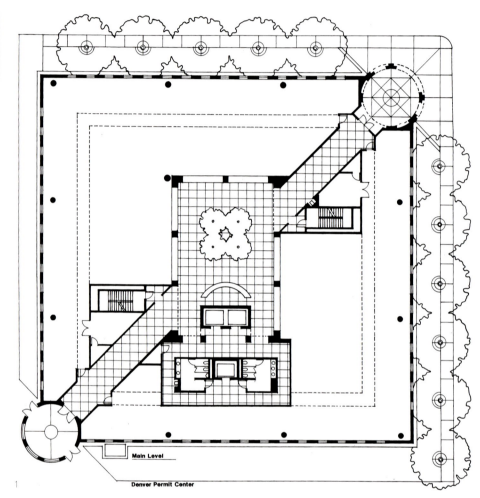

1

1　主要层平面
2　改造前的建筑
3　位于博物馆（左）和市／县府大楼（右）之间的许可证中心
4　建筑的轮廓线与附近博物馆活泼的曲线相呼应

2

3

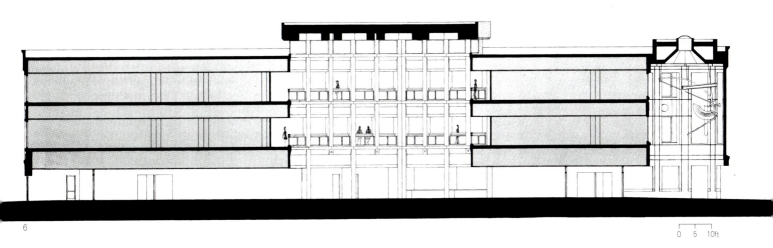

左页图:
　　建筑中央三层高的中庭,中间是问讯处
6　剖面和东立面
7　圆形入口大厅外立面细部
8　圆形入口大厅顶部的雕塑

特里奇大厦改建和里亚托咖啡厅

The Tritch Building Renovation and The Rialto Café

设计／竣工　1996/1998
丹佛，科罗拉多州
塞格友善财团
旅馆饭店
六层旅馆加一层会议，180 间客房，
127,000 平方英尺／11,798m²
咖啡厅 6,800 平方英尺／632m²
钢，混凝土，木材，石膏，砖，花岗岩
地区：落基山脉大草原
环境：城市商业区林荫道与历史建筑
隐喻：重现原有的华贵特质

特里奇大厦建于 1887 年，1900 到 1992 年，这座历史建筑曾为乔士林连锁百货公司大楼。通过这次的改造和翻新，马里奥特(Marriott)酒店将其改变成一个具有 180 间客房的带庭院的旅馆。

1927 年，这座建筑经历了第一次立面的加高，原来的 4 层变为 5 层。同时，原有的小窗户被去掉，代之以现在能看到的大面积芝加哥式的窗户。1964 年，建筑的整个外表面被加建了一层外挂板，上面镶嵌着公司的徽章。外表面的覆盖物使得建筑与当时席卷全美国的现代建筑潮流相一致。同时，建筑的南端还加建了一个 5 层的房子，是一个方形的砖的建筑。外表面的覆盖物将新建部分掩盖了起来，使整个建筑看上去是一个整体。

1964 年加建的外挂板进一步地破坏了原有建筑的历史特征，包括外部的石头墙面和窗户。1996 年的改造和翻新弥补了这一破坏，对加建部分的窗户进行了重新设计，在墙面上打开大的窗洞以安装大面积的芝加哥式的窗户。这一措施和沿整个建筑的檐口的相似处理使得加建部分与相邻的历史建筑的立面取得协调。

建筑被加建了一层，第六层有四套带平台的客房。加建和通高的中庭的设计要求对整个建筑的结构做进一步的重新设计。对结构的改良加大了地基，加固了梁和柱子，并将楼板和外墙紧密地连接起来，重修了屋面。地下室则被改造成一个带餐厅，游泳池，健身中心和旅馆辅

助设施的会议中心。室内中庭，上面覆盖着 40 英尺×40 英尺(约 12m×12m)的天窗，中庭从底层的会议中心直达建筑的顶部，生动而富于活力。

里亚托咖啡厅位于大厦的一层，因隔壁的里亚托剧院(20 世纪 20 年代建造)而得名。芬特雷斯·布拉德伯恩建筑师事务所与 J·卡特曼事务所合作这个项目的室内设计。

为了和建筑的历史风格取得一致，餐厅被设计成装饰艺术派的风格。为了增加餐饮的面积，设计了一个夹层。但顶棚的高度只有 16 英尺(约 4.88m)，因此餐厅内的空间需要进行特殊的结构，机械和照明系统的设计来达到最大程度的简洁，设计还包括上层吸烟室的烟感系统。

因为科罗拉多的冬天不太冷，所以客户——概念餐厅——要求外立面的窗户能够调节以使身处咖啡厅的顾客有一种露天的感觉。然而科罗拉多历史协会不允许 8 英尺×5 英尺的窗户再作划分。芬特雷斯·布拉德伯恩建筑师事务所创造了一种结构体系，可以让每个窗户绕其中心旋转并滑至开口的一边，这个体系是一个既能满足各方面要求又经济实用的解决方法。

1 剖面，西北立面
2 1927年改建后的历史照片
3 外表面覆盖物未拆除前的北面角部
4 从步行广场看改造后的建筑
5 里亚托咖啡厅

特里奇大厦改建和里亚托咖啡厅 181

左页图:
从二层看中庭
7 主要层平面的大厅
8 中庭顶部 40×40 英尺的天窗
9 标准层平面

7

8

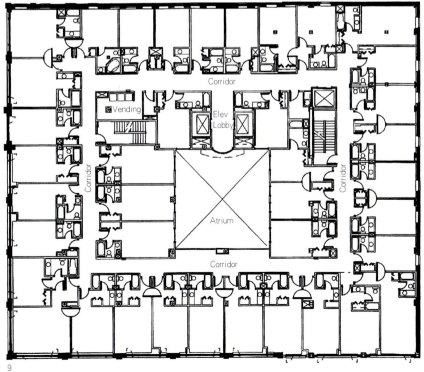
9

特里奇大厦改建和里亚托咖啡厅 183

西奈礼拜堂
Temple Sinai

设计／竣工 1984/1987
丹佛，科罗拉多州
西奈教堂圣会
犹太教会堂
22,000平方英尺／2,044m²
平滑且粗琢的浅黄色砖石建筑，暗红色陶质檐口瓦片，木材，石膏，玻璃，不锈钢
隐喻：所罗门国王神殿

西奈教会已经成立18年了，却没有一个真正属于自己的家。教会买下了一个小学校，并想将它作为教会在西部的礼拜和社交活动的场所。问题是在建筑中如何表达诸如精神和社会团体之类的因素，换句话说，就是如何确定表示宗教结构的"符号"。

设计创造了一个舒适，自然而又十分雅致的礼拜场所。具有纪念性的带圆形拱顶的入口，两旁有光滑的自由的柱子，在拱顶的末端是半圆形的彩色玻璃窗，让人联想到所罗门国王的神殿。

半圆形的彩色玻璃窗从建筑外清晰可见，并将日光引入门厅。这个窗户由教会的成员海伦·金斯伯格(Helen Ginsburg)设计，并由科罗拉多春天协会的艺术家文森特·O·布里恩(Vincent O'Brien)铸造。它描述了一段对于西奈教会有着特殊重要意义的故事：希伯来人的文学放在燃烧着的灌木丛中，上面写到"灌木丛是不会被烧掉的"。

门厅中气势堂皇的柱子给空间赋予了一种古典的特征和纪念性。犹太山这幅作品上的绿色和金色却是十分纯朴而又富有魅力的。

设计这座建筑面临的最大挑战是如何使室内空间足够的灵活，可以容纳从小的婚礼到500人宴会到盛大的宗教节日的1600人大集会等各种各样的活动。设计的可移动墙体使得中心礼拜堂可以(根据情况)扩大或缩小，礼拜堂可移动的长椅使得坐席能灵活变动。礼拜堂的圆形平面保证了信徒可以与教士和圣经保持近的距离，四周的高窗将自然光引入室内。

1 西立面渲染图
2 门厅室内，由东向西看的景观
3 平面
4 有圆形拱顶的入口

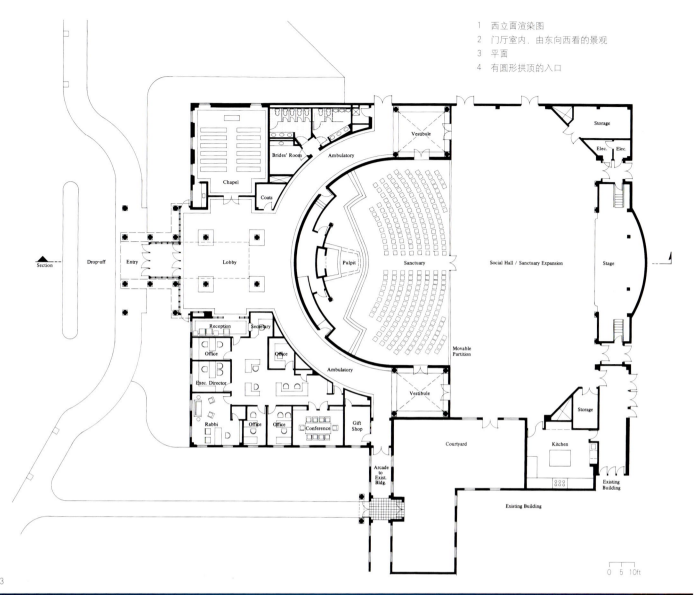

西奈礼拜堂 **185**

5　白色的柱子界定出礼拜堂的入口
6　圆形的礼拜堂
7　具有雕塑感的彩色玻璃窗

棕榈海湾海滨度假村
Palmetto Bay Beach Resort

设计／竣工 1996/1999
罗阿坦，洪都拉斯
罗阿坦开发组群
度假村
110英亩，14英亩为村落中心
55块山坡别墅用地（平均1.5英亩）
45块海滨住宅用地，96,000平方英尺
/8,918m² 饭店，码头和旅店
热带硬木
地区：加勒比海
环境：热带雨林

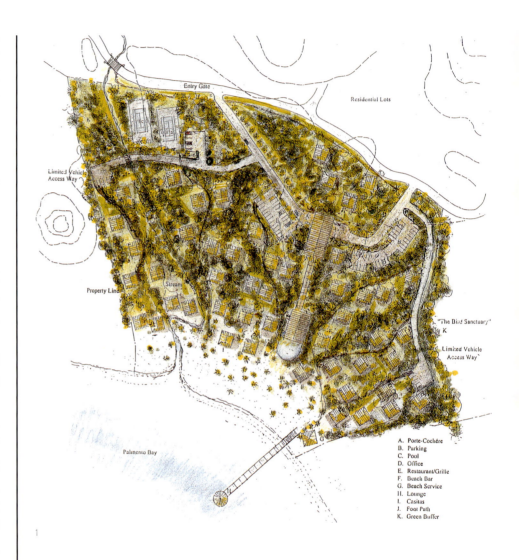

罗阿坦岛，是洪都拉斯海湾群岛之一，是加勒比海最为美丽的自然景观之一，也是加勒比海最后几块未曾受到破坏的海滨。罗阿坦岛上的棕榈海湾海滨度假村是一个由私人投资的小项目，包括55座沿山的别墅和一个度假村中心，45座房子排成簇状。建筑坐落在宽700英尺（约213m）的白色的沙滩上，两旁是棕榈树，沙滩与世界第二大的珊瑚礁相连。

为了与加勒比海地区的生活方式取得一致并满足对私密性的需求，苏特雷斯·布拉德伯恩事务所的设计是对环境的一种补充。它融合了出自罗阿坦岛上不同文化的影响，比如土著帕亚人的文化以及西非人和殖民地的文化。硬山形式的屋顶和别墅的带顶的门廊都让人想起殖民地环境下老的国际式建筑，同时也与当地建筑的茅草屋顶的形式相呼应。

坡顶形式在应用到度假村中心的设计中时，它的作用得以升华。度假村中心是一个开放的空间，包括餐厅，酒吧和淡水游泳池，这是度假村的中心，聚会的场所。建筑覆盖于一个屋顶之下，建筑的屋顶坡度比较陡，由一系列的等间距的排列成菱形的木头构架支撑。这种设计将当地的barbacoa（用嫩枝呈麻花状编织）建筑加以简化，改变成一种设计简洁而且雅致的，与自然环境相融合的建筑。纱门可以转动和自由的开启，以便让空气在室内自由的流动。

所有的设计都遵循了热带建筑的设计原则，比如将建筑整体抬高，离地2英尺（0.61m），为了使别墅的平台免受阳光和雨水的侵袭，设计了出檐很深的雨篷。一些建筑元素，如可转动的门，格架，气窗以及高高的顶棚既能引入日光和促进建筑的通风，还可以将微风导入室内。像卫生间，浴室和食品室这样的小空间的通风都很好。露明的木顶棚模仿当地茅草建筑的顶棚。设计者受到为防台风侵袭而将屋顶与房屋四周相连接的做法的启发，创造出了一种结构模式，在墙顶端的梁的内侧均匀地布置长的木制槽口。

为了保证环境的可持续发展，建筑材料采用了热带雨林保护联盟所许可使用的产于当地的洪都拉斯硬木。设计还采用了节水的管道系统和蓄水池。周围的环境经过精心的组织使其保持了原有的陡坡，湿润的土壤，排水沟以及原有的自然的热带植被。每个海滨别墅的面积是1000平方英尺（约93m²），包括2个卧室，2个浴室，配套齐全的现代化的厨房、起居室、储藏室以及有顶的面积400平方英尺（约37.2m²）的平台。

300英尺长的码头伸向棕榈海湾，尽头是棕榈酒吧。

1 总平面
2 俱乐部
3 海湾的渲染图：码头的尽端是棕榈酒吧
4 海滨别墅

棕榈海湾海滨度假村 **189**

5

6

7

5 出檐部分的细部
6 海滨别墅正立面
7 连接海滨别墅的桥
8 海滨别墅立面
9 度假村中心的淡水游泳池

8

9

IBM客户服务中心
IBM Customer Service Center

设计／竣工　1990/1992
丹佛科技中心
丹佛，科罗拉多
国际商用机械公司（IBM）
65,000平方英尺／6,093m²
织物，石膏，地毯

1

由于服务中心分布于建筑的不同楼层中，IBM公司要求在设计中体现高科技特点的展示空间，并能适应大量人流时的情况。公司还要求设计能够增强企业的形象并赋予其以新意。

建筑的第一层是接待室和大展示室，展示室包括一个面积10000平方英尺(约930m²)的计算机房。第三层为客户服务部，包括两个展示室和4个可以模拟各种不同工作环境声学和视觉效果的封闭的空间。这一楼层还包括一些一对一进行演示的小空间。第四层是IBM的市场部，面向公众进行产品的研究和展示，包括采用课堂训练的方式的有专人指导的IBM设备的试用中心和一个咖啡厅。

为了使一层和三层的展示室和教室避免采光，芬特雷斯·布拉德伯恩事务所将这些房间布置于建筑的中部，四周是走廊，走廊在重要的交通节点处走廊呈现向内凹的弧形。走廊给人们一种室外的感觉，并将建筑的空间组织的情况清楚地展现出来。

IBM公司要求将产品作为室内设计的重点。这一与计算机相关联的想法顺理成章。芬特雷斯·布拉德伯恩事务所在设计中充分考虑到这一点，将室外窗户网格的母题引入室内。与四周走廊外侧的窗户相对的墙的设计表现了这一主题，将这一母题转变成曲线的形式，从而体现出创造性和人文主义的含义。有一些网格主题的空间中的墙网格较浅，另外一些则变成窗户,可以透过他们看到问讯和休息空间。在交互式的展示空间，在走廊弯曲处，网格很深，用来展示公司的产品。

家具的设计也沿袭了室内设计上的三角和曲线的主题。大型的红、蓝原色的曲线形家具与网格的母题放在一起，看似很自然但却是一种设计者精心制造的效果。

2

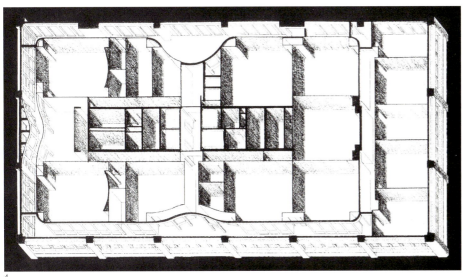

1 职员咖啡厅
2 休息厅通过弧形的走廊加以界定
3 接待厅
4 楼层平面的渲染图

5 产品展示空间，很深的网格状的壁龛
6 咨询处
7 等候区

6

7

巴波亚公司总部
The Balboa Company Corporate Headquarters

设计／竣工　1983/1985
丹佛，科罗拉多
巴波亚公司
公司室内
10,000平方英尺／929m²

巴波亚公司是在丹佛市中心大厦顶层59层的一个小投资公司，公司的室内设计在满足基本功能要求的前提下，将家的感觉与艺术画廊的氛围融合起来。这个公司有15名员工，设计旨在传达一种与公司运营方式相一致的宁静、不张扬而雅致的气氛。公司想要在设计中创造温馨的家庭氛围，每个办公室都经过有趣的布置，创造出私密的小的会议空间。并将公司收藏的众多现代和哥伦布时代以前的艺术品和室内的环境气氛结合起来。

公司所在的大厦的顶层朝南，芬特雷斯·布拉德伯恩事务所的设计充分利用了建筑南面的玻璃幕墙，强调了与天空的接近以及向下俯瞰的景观。在平面中设计了一系列的斜墙，使本来狭小的空间具有深度感和丰富起来。这些非矩形的空间，顶棚上悬挂着艺术品，成为室内空间的焦点，引导人们深入到建筑中去。由斜墙围合而成的办公室，经过使用者改造后呈各种各样的平行四边形，家具和室内装修的细部都体现出使用者的特殊喜好。墙顶部的装饰线下安装了连续的黄铜的挂镜线，可以用来固定画。建筑设计中颇具特点的弧形在书架的槛檐板和脚部设计中都得到了呼应，墙面则采用抛光的带贝壳纹理的银色饰带和木装修。

接待厅的地面采用的是白色大理石，其间镶嵌黑色的方形大理石。在其他的空间，地面的材料有花岗石、镶木地板和定做的编织地毯。

人们进入公司，会经过接待厅和一系列由洪都拉斯桃木作成的法国式大门。室内摆设着从18世纪晚期到20世纪早期各个时期的家具，接待室主要是以帝国时代风格为主的定制的复制品，而办公室则是以英格兰风格为主。

在办公室的设计中还考虑到了艺术性和节能问题，安装了节能设备，包括弱电，用于艺术品照明的白炽灯具以及防止眩光的窗户自动遮阳装置。精密的环境控制为使用者和艺术品提供了最适宜的室内温度和湿度。

1　顶层的咖啡厅可以望见远处的高山
2　斜墙赋予空间以深度感
3　会议室可以望见远山
4　等待室
5　小会议室
6　楼层平面

4

5

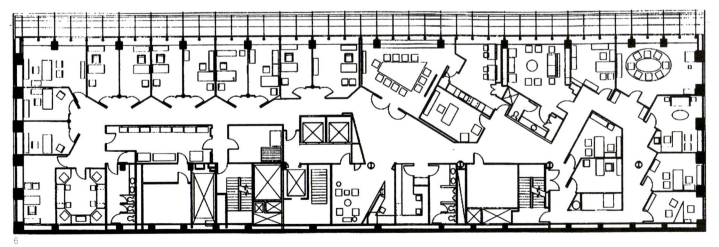

6

巴波亚公司总部 197

加拿大海湾资源有限公司
Gulf Canada Resources Ltd

设计／竣工 1996/1997
丹佛，科罗拉多
加拿大海湾资源有限公司
经理办公室内
50,000平方英尺／4,645m²
松木，桃木，织物，青铜用具
地区：美国西部
环境：石油公司世界总部

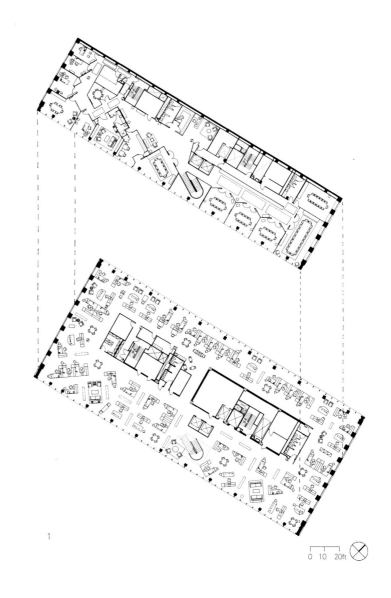

加拿大海湾公司国际业务总部的室内体现了一种独特的风格，将画廊和行政办公空间结合在一起。公司位于丹佛市中心的诺维斯特银行大厦，占据着顶部两层半的空间。这座大厦是菲利普·约翰逊的作品。公司不仅想将公司的高级管理人员和辅助人员都集中到这里，而且还想将收藏的非常有价值的西部艺术品来装点建筑。

公司希望收藏的很珍贵的土著和西部手工艺品和绘画能反映出公司的创造力，企业进取的精神和企业的眼光。为了很好的展示和妥善保存这些独一无二的艺术品，芬特雷斯·布拉德伯恩事务所通过对色彩，材料以及西部风格的家具的运用创造了一种温馨、舒适的家庭的氛围。

墙壁被涂成麦田的绿色，让人回想起大平原，并为绘画，手工艺品和其他展品提供了温暖中性的背景。地面铺设了独具魅力的印第安地毯，地面材料采用光洁的，宽5英寸的成材的厚松木板，作为地毯温暖的背景。其他的细部如木门，橱窗和墙顶的装饰线都营造出和谐的室内气氛。手工磨光的黄铜器具，柱子上的装饰，楼梯，盥洗池，水龙头，柜子上刻有海湾公司标志的拉手，以及公司徽章都让人感觉到是经过手工加工而成。

设计的关注点放在了为办公室提供充足的光线和突出收藏品上，这些收藏包括居住于西部大平原上的古印第安人的传统服饰，马鞭，马鞍，皮套裤，瓷器，火枪和绘画。

大厦的第50层被设计成为会议室，49层则为办公室。家具都是西部或者西南部风格的，包括西班牙时代的古董，有皮质的，木制的还有铜制的。非正式的会议空间则布置了软的家具。台灯，地灯以及西部风格的吊灯，创造出近人的照明环境。

49层为开放式办公室，强调了建筑北面的玻璃幕墙美妙的弧线，玻璃幕墙成为下部工作室的天窗。49层和50层之间的楼梯扩展了展览空间，增加了室内的采光，也使得上下两层直接的联系起来。钢楼梯的表面是定制的带铜锈的铜板，与整个室内的格调一致。栏杆和扶手采用钢管，外面包裹有类似马鞍上的编织纹样的皮革。楼梯只有横向的木制的踏板。

48层和49层的门、橱窗、装饰线以及地面的材料是由从19世纪末的工业建筑拆下来的大块的松木板经过加工而来。50层则采用桃木门，桃木的橱窗和桃木的装饰线。给橡木地面刷上颜色，使其与桃木的颜色一致，并强调桃木的颜色。楼梯则作为顶层正式的会议室，接待室与下层非正式的办公室之间的过渡。

2

3

4

5

1　49，50层的平面
2　收藏品，包括织物，瓷器和其他手工艺品
3　近人的休息空间
4　工作室对面的壁画
5　收藏的老式火枪

设计方案
Design

鸟巢设计，1998
The Birdhouse Project 1998

1998
鸟巢
鸟巢工程执行委员会
铝，聚丙烯，钢，枫木（基底）

1

　　日本的鸟巢设计竞赛每2年举办一次，邀请世界上著名的建筑师提出他们的理念，创造理想的鸟巢建筑。设计作品将参加巡回展览，并出版一本附有对设计者采访记录的设计作品集。设计简洁的芬特雷斯·布拉德伯恩事务所应邀参加了1998年的展览，这次展览还包括著名的机场建筑师诺曼·福斯特、伦佐·皮亚诺、安藤忠雄、黑川纪章和丹尼尔·利普斯金。

　　对于所有的设计，芬特雷斯·布拉德伯恩事务所将注意力放在了场地、建筑目的和"人"上（在这里是"鸟"），以使设计出的结构（或建筑）适合于所处的地段和区域，并使得在其中或在周围生活和工作的人感到舒适和方便。

　　芬特雷斯·布拉德伯恩事务所力图创造一种形式，这种形式激起人们对自然界中最典型的鸟类的栖息之所——树的联想。作为鸟的栖息之所，树满足了许多最基本的要求。树的核心是由主干和分支组成的网状结构—这种理想的形式孕育并保护了由小树枝编织成的脆弱的鸟窝。由于远离地面，这种结构使得居住者免受树下的食肉动物的攻击，像雨篷一样的树叶可以遮风挡雨，而又能使温暖的阳光和微风顺利地通过。这也是一种有机的复杂的结构，在最基本的情感层次上，它使居住者精神舒畅，使其与自然环境和谐共处。树的向外伸展的枝条是鸟类放哨、求爱、养育后代并教其飞翔（或者简单地说就是与其他鸟类和谐共处）的理想场所。从人类的观点来看，斑驳的树影，沙沙的树叶摇动的声音，树的形状和颜色所传达的难以言喻的美，都产生了一种感官上的愉悦。

　　因为设计的结构是一种在机场中反复运用的张力结构，而且双曲面的形式象征鸟展开的翅膀，所以在设计中采用了单一、简洁的建筑单元，是一种夸张的抛物线。曲线是由一系列直线所组成，这与鸟巢由直的枝条、棍子和其他材料有机构成的原理相似。由于材料使用的多，这种结构具有很高的强度和稳定性，让人联想起鸟类有效地利用材料筑巢的方式。对这种看似简单的单元结构的掌握，为芬特雷斯·布拉德伯恩事务所创造出丰富而复杂的结构提供了条件。

　　在芬特雷斯·布拉德伯恩事务所的设计中，每个抛物面都是一种马鞍面。在鸟巢的中心，这些马鞍面组成一个简洁的上细下粗的空间结构。在马鞍面的相交处可以放置大小不同的鸟巢。马鞍面的密度赋予整个结构以强度和韧性。在结构的外围，马鞍面的作用与在结构内的完全不同。它们之间只有2个交点，这种结构形式令人愉悦，让人想起华盖般的树叶。

1　放置在沙丘上的鸟巢（澳大利亚，佩思）
2　放置在石墙上的鸟巢（澳大利亚）
3　电脑模拟的内部的几何形状
4　有鸟筑巢的鸟居
5　电脑渲染的"马鞍面"的内部的直线的排列方式

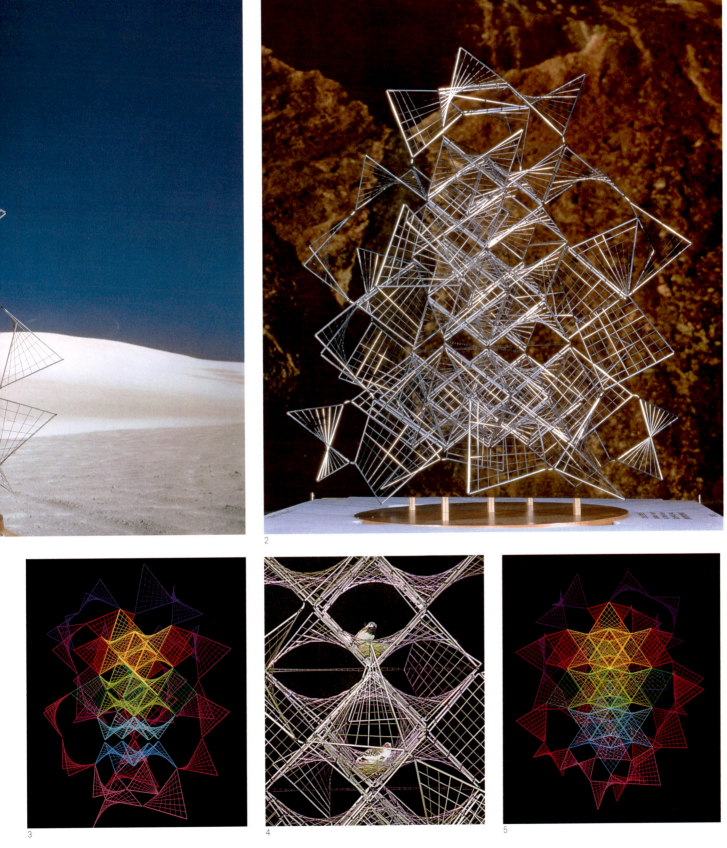

鸟巢设计．1998 **203**

科隆会议中心火车站
ICE Terminal Köln-Deutz/Messe
(Cologne Convention Center Train Station)

1999
科隆，德国
德意志铁路（DB）
交通／多功能开发
2,000,000平方英尺／185,800m²
混凝土，钢，玻璃
地区：德国
环境：不同历史时期的城市建筑

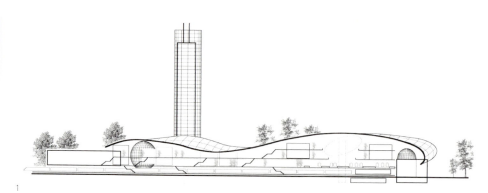

在1999年初维也纳国际机场加建的竞赛中获得优胜奖提名后，芬特雷斯·布拉德伯恩建筑师事务所应邀参加了科隆会议中心火车站的国际竞赛。

这是一个对莱茵河东岸服务区域的大型多功能开发项目。科隆会议中心西临普通列车铁道和莱茵河，南临高速铁路，这条铁路通过河西岸的火车总站。这些铁路交汇于地段中的一个小火车站，这样便无意中切断了会议中心与科隆市区的联系，使得从市区到会议中心只能经过火车站。

设计的目的之一便是解决这个困境，同时使得从法兰克福机场能很方便地到达会议中心，从而创造一个新的城市形象。除了火车站的月台和其他支撑结构以外，新的设计还包括一个75,000m²面积的旅馆，一个零售中心和一个旅客娱乐设施，一个有超过100,000m²面积停车站的办公楼以及会议中心的登记处和行政办公用房。

像科隆这样的历史名城，并不是建立在一个单一的几何网格之上的，而是一代接一代人建设的结果，是历史积淀的产物。芬特雷斯·布拉德伯恩事务所的设计通过表现现代技术的方式把握住了这一特征，创造了一个透明的结构，通过它可以看到在一个巨型结构之中各种功能交织在一起。

芬特雷斯·布拉德伯恩事务所介绍方案时的主题是"统一于一个屋顶之下"。这个主题是从覆盖整个综合体的结构——透明的由拉索构成网状的钢和玻璃的结构而来的。设计将许多要求的功能统一于一个结构之中。旅馆被设计成一个高30层的塔楼，设计将火车站所有的月台集中起来，并将火车站和会议中心、行政办公楼、娱乐综合体连接起来。为了与城市合用，办公停车场离得很近，但却与外界分开管理。

建筑流畅的曲线外形象征了莱茵河的河水，并与从不同方面汇集到这里的铁轨的曲线相呼应。建筑中设计了一个大的开放的中庭，将日光引入处于不同楼层的月台，使旅客在通过火车站时能看到日光。建筑角部的大的紫色鸡蛋形状成为横跨莱茵河的步行桥尽端的鲜艳的灯标，作为对从火车总站来的参加会议的人们的引导。这个大胆的构想创造了一个到达点，吸引到达的旅客和路过的人们，使建筑所处的场所成为城市的地标。

3

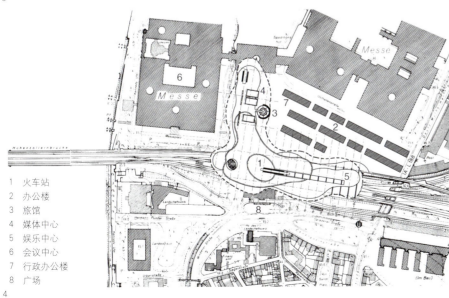

1 火车站
2 办公楼
3 旅馆
4 媒体中心
5 娱乐中心
6 会议中心
7 行政办公楼
8 广场

4

1 剖面，西立面
2 地段模型，鸟瞰
3 地段模型，从西南方向看
4 总平面

科隆会议中心火车站 **205**

萨克拉门托摩天大厦 A
Sacramento High Rise Lot A

设计 2000
萨克拉门托，加利福尼亚
威斯特斐尔德-泰勒LLC股份公司A座
办公大楼和旅馆
750,000平方英尺／69,675m²
南太平洋经济合作局办公室
玻璃，花岗石，钢
地区：加利福尼亚农业地区
环境：萨克拉门托商业区

这座建筑所处的地段与A购物中心相邻，这个购物中心与加利福尼亚州政府位于同一条轴线上，并与萨克拉门托河垂直。计划将这座建筑建于州政府的楼群之中。建设的目的在于通过对中心街区的开发复兴整个区域，并将购物中心两侧的办公区和公共汽车站，与经过翻新的零售中心联系起来。建筑的主要使用者是州政府的职员或者是从事政治事务的职员。

芬特雷斯·布拉德伯恩事务所将对该地区种植植被的有机形式的研究作为设计的出发点。在设计中将这些形象与典型的垂直的摩天楼的形象结合起来，采用了一种弯曲的类似蜡烛的形状，这样的形状成为城市的灯标，也为城市增添了一道进取向上的风景。

塔楼与购物中心相邻，强烈的垂直向上的形式吸引了人们的视线。设计任务中要求的带精品店的旅馆被布置于地段的背面，朝向零售中心。塔楼的底层设有零售的空间，停车场在楼的底层，上层为办公室。

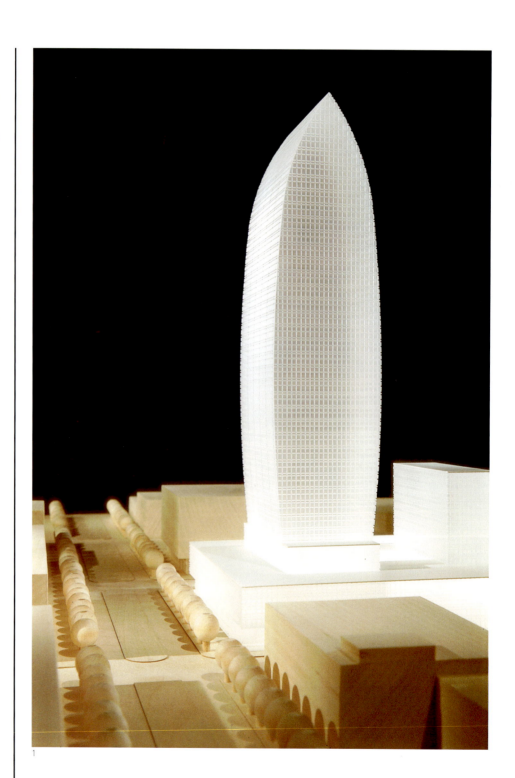

1

1 大厦的最终方案，呈蜡烛形
2 中间方案：四面向外突出，平顶
3 顶部雕塑性的廊道
4 阶梯状的顶部处理
5 双塔的中间方案

慕尼黑机场第二候机楼

Terminal 2, Flughafen München
(Second Terminal, Munich Airport)

1998
慕尼黑，德国
机场乘客候机楼
2,136,467平方英尺/198,536m²
25道飞机连接门/25个远程位置指示器，
每年15,000,000乘客
混凝土，钢和玻璃
地区：德国
环境：现有机场

芬特雷斯·布拉德伯恩事务所是应邀参加慕尼黑机场第二候机楼国际竞赛的15个建筑师事务所之一。这个新建筑将于2005年投入使用，每年能接纳1500万旅客。

芬特雷斯·布拉德伯恩事务所将建筑的空间围绕中心候机厅组织，直线形的候机廊与中心候机厅相连。设计的中心是想通过给候机厅覆以玻璃顶将尽量多的日光引入室内。屋顶上的水平玻璃窗安装在呈平缓流线形的结构清晰的钢骨架上。机械的百叶装置在保证大量日照的条件下，使旅客免受阳光的暴晒，同时使旅客能仰望天空。候机厅下部的开放空间使得日光可以到达建筑的底层，使得所有的空间看起来明亮而轻盈。

足够的采光，使得建筑师可以将自然因素引入室内，公共空间和办公空间之间的内庭院——花园为使用者提供了宜人的环境。内庭院也成为机场的空侧和陆侧的分界。

这个简洁、易懂的设计在旅客流线的各个环节上都设有零售和出租空间，给旅客带来了便利和舒适。这样旅客就再不用为了购物或者用餐跑到别的地方去了。

芬特雷斯·布拉德伯恩事务所的设计成功地将新建结构与原有建筑结合在了一起，低的玻璃顶的平滑曲线与慕尼黑中心机场高耸的空间相接，建筑之间体现了一种互相尊重而非对立的关系。

1

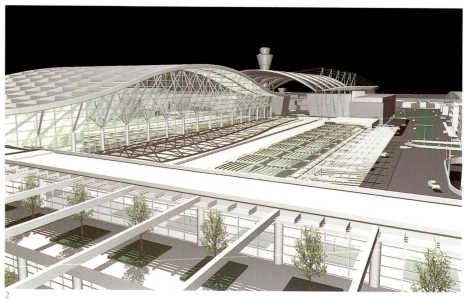
2

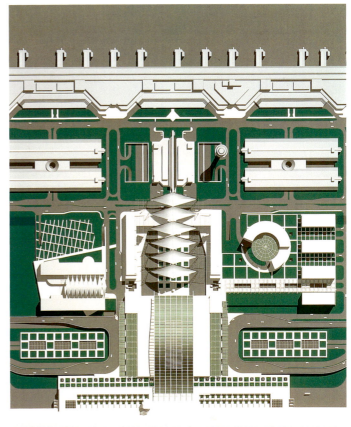

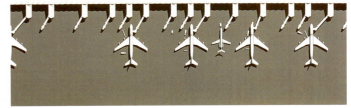

1 主要立面的电脑渲染图
2 新候机楼与后面的原有建筑相接
3 地段模型
4 从停机坪方向看的电脑渲染图

慕尼黑机场第二候机楼

5 候机厅的室内渲染图
6 新老建筑相接处的室内电脑渲染图
7 剖面，侧立面
8 剖面，正立面
9 总平面

5

6

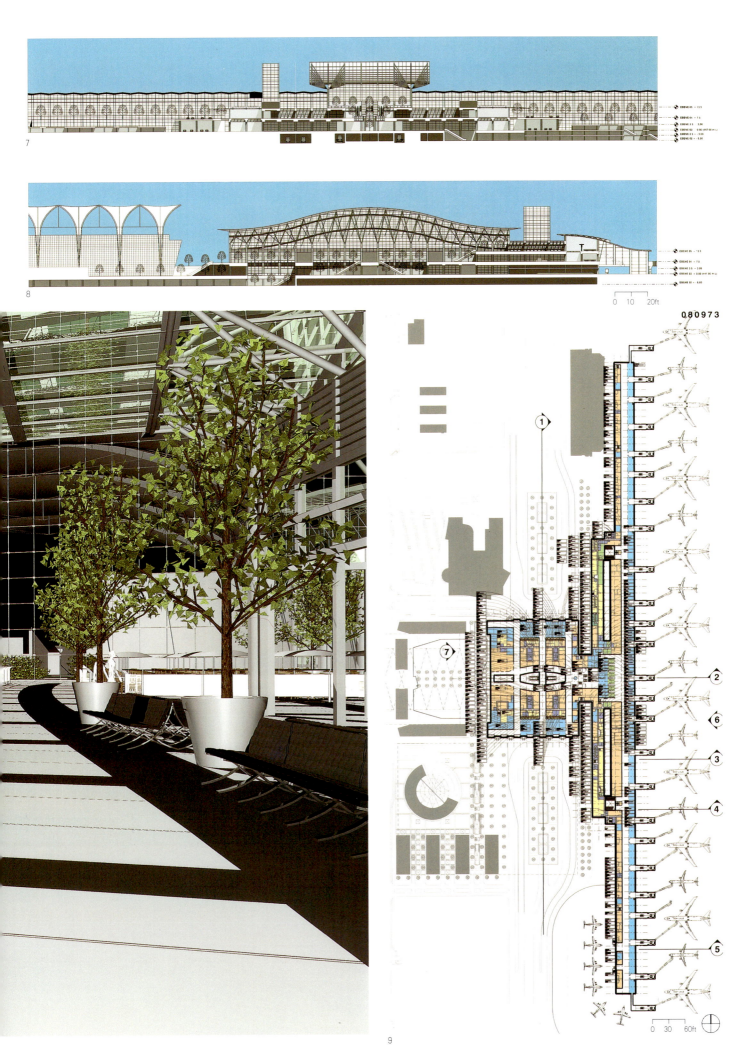

慕尼黑机场第二候机楼

国家恐龙化石发掘博物馆
Dinosaur Discovery Museum

1992
佳能城，科罗拉多州
博物馆
地区：美国西部
环境：半干旱沙漠地带
隐喻：发掘遗址

如同恐怖的史前兽骸骨一般，恐龙遗址博物馆可见的外部结构消失于地下，隐匿不可见。借助这种处理方式，芬特雷斯·布拉德伯恩建筑事务所的设计展示了古生物学的发现成果以及发现这些化石的方法。

参观者从一条宽阔的大道下到基地东南端的地下，继而进入博物馆。接待大厅和第一个陈列大厅通过一长排巨大的巨型天窗采光。穿过这一空间，上至第二层，会看到一系列经特殊设计的拱肋凌空展开，形成放置一级展品的玻璃雨罩。位于一层天窗上拱肋的尺度和势态所展示的景象令参观者有种身入恐龙之中的体验。基地的地形特征，如穿过基地的一片峡谷浅滩及与博物馆首层坡度一致的自然梯田，皆为参观者提供壮美的周边景观。

1996年，由于恐龙遗址博物馆的杰出设计，芬特雷斯·布拉德伯恩建筑事务所被美国建筑师协会丹佛分会授予荣誉奖。

1

 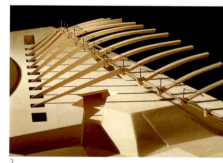

2　　　　　　　　　　　　3

4　　　　　　　　　　　　5

1　最初草图
2　模型，从东北向看，展示梯形地带上的拱肋
3　模型，从北向看，展示固定于巨型天窗上的拱肋
4　拱肋顺着基地地形，下至峡谷浅滩
5　模型，从东南向看
6　线条图
7　渲染图，展示右边下沉式入口

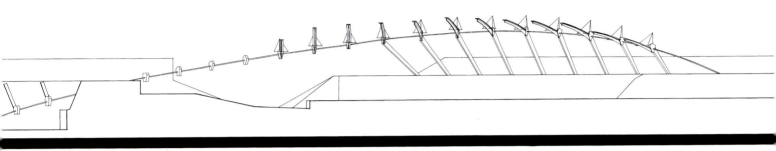

6

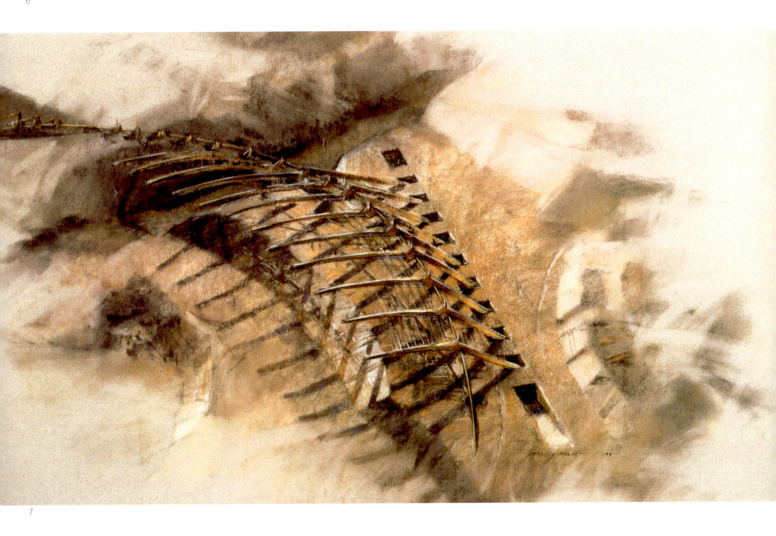

7

国家恐龙化石发掘博物馆 213

科罗拉多州历史博物馆扩建
Colorado History Museum Expansion

2000
丹佛，科罗拉多州
博物馆
科罗拉多州历史学会
砂岩，钢，玻璃
地区：美国西部
环境：博物馆广场
隐喻：科罗拉多地貌

芬特雷斯·布拉德伯恩建筑事务所开始科罗拉多历史博物馆扩建工程的设计是从一个几何形体入手的：一个参照了建筑原有几何形体的玻璃盒子，用于陈列位于建筑前部色彩艳丽的壁画。

勘测基地之后，这以理念被一更具雕塑感的形体取代，其体量将是原有博物馆的补充。边缘形状用于刻画那些开垦并最终定居在具有多样地理特征的科罗拉多州的冒险家和有冒险精神的人们。形体开始显现建筑的构造特征，取材于山体断层的形式并强调形式突兀变化的棱角感。事务所还试图用一个更连续流畅的形体与河的景致相吻合。最终的设计是通过描述河流、山脉、山峰、平顶山脊这些抽象的地形概念，以一种自然流露的叙事诗的风格展示在使用者面前。

平顶山脊是一种令落基山脉增色不少的沙岩地层上的冲断层，一种在山脉与平原交界处的奇观妙景。这一构思体现在充当博物馆街道空间的一个封闭、悬挑的形体。河流将建筑一分为二，内部空间被打开，向天空开敞，形成狭长的玻璃采光中庭，同时在这一过程中，营造了一个类似峡谷状的内部展示空间。山脉代表一种更具水平感的元素伸向建筑后部。山峰则作为博物馆的醒目点，呈一个非四方形的尖塔插入现有博物馆边侧，掠过其上方，为从城市中央公园而来的参观者营造出扩建部分的风采和个性。

为体现自然，建筑外部质感的营造借助于不规则形状的天然石材。进入博物馆的入口位于新旧建筑之间的广场处，在取代原先入口的同时使扩建部分沿13大街呈现完整的石墙面。两幢建筑在坡上是分开的，在坡下则由展厅相连。下入这一空间，参观者有一种进入矿井的体验，这与科罗拉多地理历史展厅部分相协调。新空间包含有展厅和画廊，同时还有办公室、一个图书馆及一个会堂。

1 绘有玻璃立面和人们活动的计算机渲染图
2 西北立面，展示屋顶玻璃金字塔
3 完成形体构造的早期设计
4 河的概念设计
5 草图，展示现有建筑（左）与扩建部分（右）的近似之处
6 最终设计，西立面
7 从西北角度展示两幢建筑和谐统一的模型

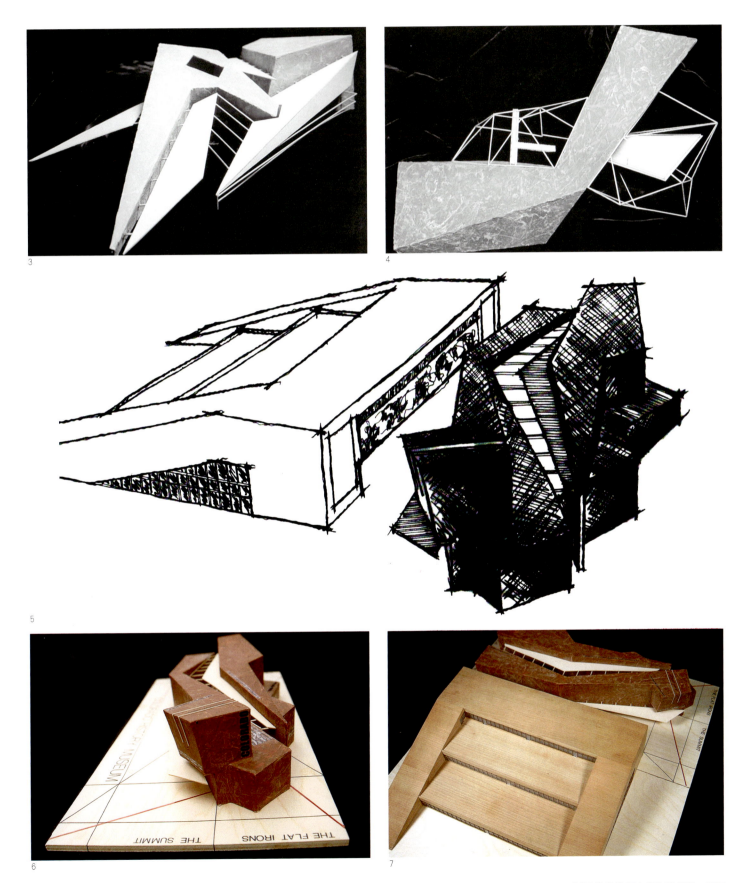

中部加利福尼亚历史博物馆
Central California History Museum

1999
弗雷斯诺,加利福尼亚
弗雷斯诺市暨县历史学会
45,591平方英尺/4,235m²
现浇混凝土,预制混凝土,钢,玻璃,
室内为干饰面内墙和木质装修

将水引入中部大峡谷,维系了该地区的人们的生活。芬特雷斯·布拉德伯恩事务所在1999年中部加利福尼亚历史博物馆的设计竞赛中,采用了充满戏剧性的隐喻的方式,隐喻水流、水流控制以及水的储存的方式。这些隐喻以三种形式得以体现:水塔、水坝和蓄水池。

水塔

建筑师将建筑主要的垂直交通中心设计成欢迎参观者的水塔的形式。水塔的四面是透明的玻璃幕墙,似水一样运动着的电梯,通过玻璃幕墙可以隐约地看见,闪闪发光。

水坝

在入口中庭和展示空间之间有一道像水坝一样的倾斜曲墙。墙有3层高,为现浇混凝土。这道墙成为大厅与展示空间的边界,由沿着墙的狭窄的玻璃天窗界定出来。步行走廊悬挂在电梯塔和墙之间,横向穿过3层高的开敞的门厅。象泻洪沟泻下的水沿着"水坝"的斜面向下流,穿过门厅的地面,流入电梯塔里波光粼粼的水池中。

蓄水池

博物馆的展览空间和管理空间成为了博物馆的"蓄水池",具有中部峡谷的特点。这部分建筑的围护结构是预制板。这些看上去很重的墙的规则排列与门厅的自由的形式形成鲜明的对比。

博物馆的首层是零售和行政办公空间,二、三层为展览空间。参观者先看到的是一幅浓密的表现都市景观的拼贴画和手工艺品,然后进入3个不同主题的相互联系的展厅。第一个展厅的主题是人类定居之前的大峡谷,第二个展厅的主

题是定居峡谷的人,第三个展厅的主题是将水引入中部峡谷。

在第二层展厅的中央是设计中最为引人注目的地方:一个50英尺(约15.25m)高的圆柱形墙穿出屋顶,悬挂于下面的两层高的空间之中,顶部是水平的天窗。设计者在弧墙的内外表面都布置了居住于该地的人们的绘画和手工艺作品,这个显著的特点颂扬了中部峡谷地区多样性的文化。

虽然博物馆的地段占据了弗雷斯诺的整个一个街区,但博物馆只是占据了地段的东南角。芬特雷斯·布拉德伯恩事务所在总平面的设计中保留了原有的农业市场,将地段的西北角留给它。并且设计了一个中心的步行街,成为室外交互式的解释性的展览空间,以展示弗雷斯诺以外的中部峡谷的特点。地段中剩余的空间将被用来建造社区公园、剧院、咖啡厅和花店。

1 总平面的展板
2 博物馆的西立面(塔状中庭在右侧)
3 塔和中庭夜景的电脑渲染图
4 展示设计灵感和草图的展板

3

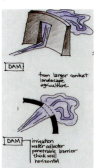
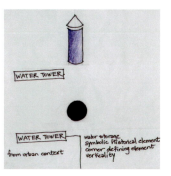
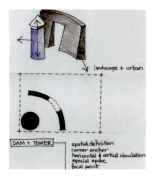
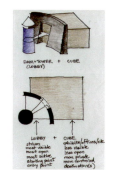

4

中部加利福尼亚历史博物馆

5

6

7

8

218

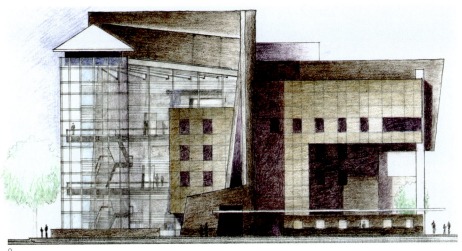
9

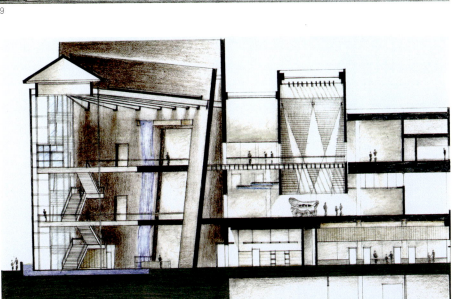
10

12

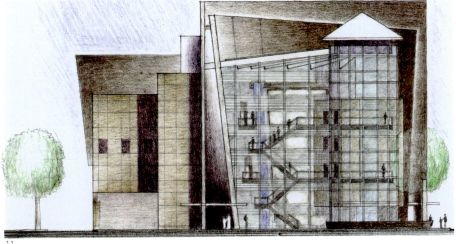
11

5　模型，展示塔和中庭
6　模型，从上向下看，展示水坝的曲线
7　地段模型鸟瞰，从西南方向看
8　展板
9　南立面，显示玻璃的中庭
10　右侧的文化穹顶穿过右侧最上面的两层空间
11　西立面，显示玻璃中庭
12　中庭室内的电脑渲染图

科罗拉多克里斯蒂安大学
Colorado Christian University

1999
莱克伍德，科罗拉多
大学校园
科罗拉多克里斯蒂安大学
280亩（基地），800,000平方英尺
/74,320m²（建筑）
砂岩，砖，预制混凝土，
地区：美国西部
环境：落基山山麓

随着学校规模的扩大，原有的设施已不能满足要求，科罗拉多克里斯蒂安大学在丹佛市西南的落基山脉的脚下得到了280英亩（约113,40hm²）的风景优美、尚未开发的一块地。学校打算搬到这里。芬特雷斯·布拉德伯恩事务所应邀参加了校园的设计竞赛，他们做的总平面设计既满足了学校的要求，而且像上帝创造的山脉峡谷的自然美景一样美丽。

设计的校区的学生规模为3000人，建筑面积800,000平方英尺（约74,400m²），包括基督教礼拜堂，图书馆，行政办公楼，校友会，接待中心，办公楼，研究生院，学习活动中心，餐厅，宿舍楼以及神学院，音乐学院，人文学院，教育学院，经济学院和体育设施。

地段的南、北两侧都有道路；西边是莱昂斯（Lyons）桥，花岗石和砂岩的桥被矮橡树、松树和桃木覆盖；东边是高耸的红色砂岩的山脊，因此形状而得名为猪背。大学的主入口被设置在地段的北侧，设计者将校园的大部分建筑置于峡谷的较低处，以获得安静的环境，而足球场，篮球场，游泳设施则占据了高处的草地。

人们从附近的州高速公路进入校园。参观者在穿过森林和进入峡谷之前可以一睹校园的景色。校园的第一个极为引人入胜的景观是基督教礼拜堂，礼拜堂是校园的地标，是校园中最重要的标志建筑。进入校园，人们会马上看到教堂上面晶莹透明的部分，那是有明晰的木框架的玻璃，象征了对天堂的渴望。在建筑的底部，建筑的矮的琢石墙处理成卵石的形式，象征了尘世的存在方式。

在礼拜堂的前面，设计了大的公共集会空间，这样的广场在图书馆前也有。延伸整个校园的步行路系统将这两个大的开放空间与其他小的广场、回廊、庭院和花园联系起来。各种大小不同的校园公共空间为各种的活动，如师生之间大型的庆典提供了场所，并且保持了校园环境的人性尺度。

步行路旁一系列的拱廊和柱廊为人们提供了遮风避雨的场所，并且将校园的地面统一起来。校园空间的设计和组织是以规划网格为依据的，这种规划的网格随着峡谷的地形限制因素的变化而变化。停车场设置于校园的周边，以保持校园内部的步行系统。

3

1 校园的渲染图，从西北方向看，礼拜堂在中间偏左的位置
2 地段的鸟瞰渲染图
3 地段模型，体育场位于峡谷的最高处

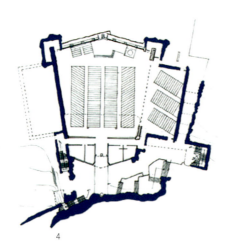

4

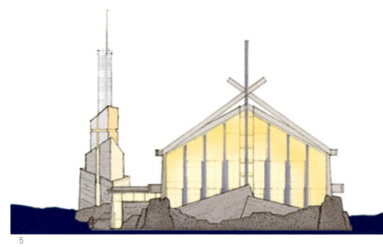

5

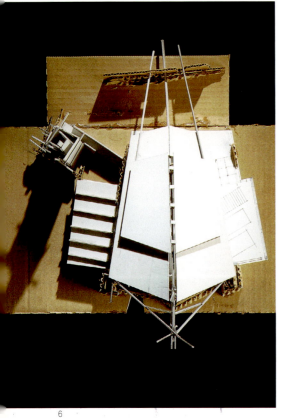

6

7

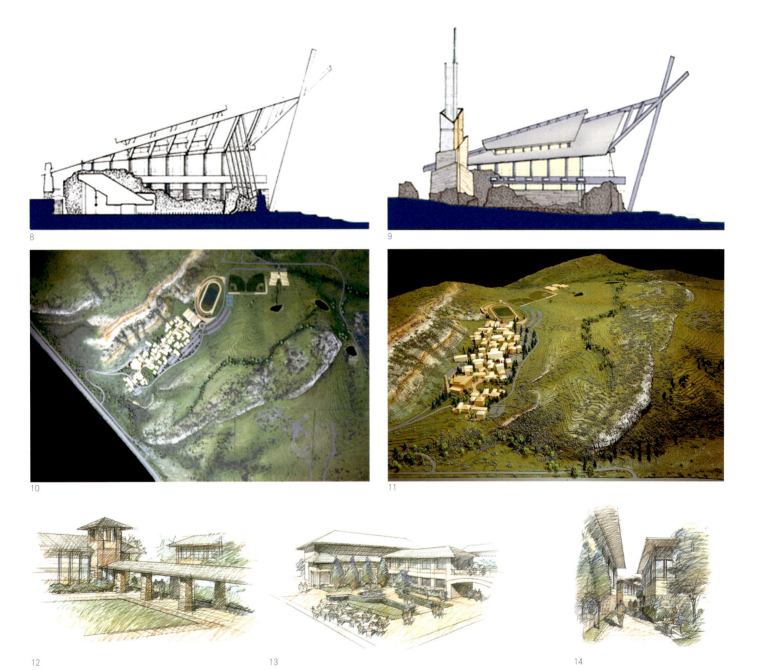

4 礼拜堂平面
5 礼拜堂立面
6 礼拜堂模型,从上向下看
7 礼拜堂的渲染图
8 立面
9 带钟塔的立面
10 地段模型,从上向下看
11 地段模型,从地段的北边看
12 回廊的渲染图
13 宿舍楼的渲染图
14 步行路渲染图

科罗拉多克里斯蒂安大学 **223**

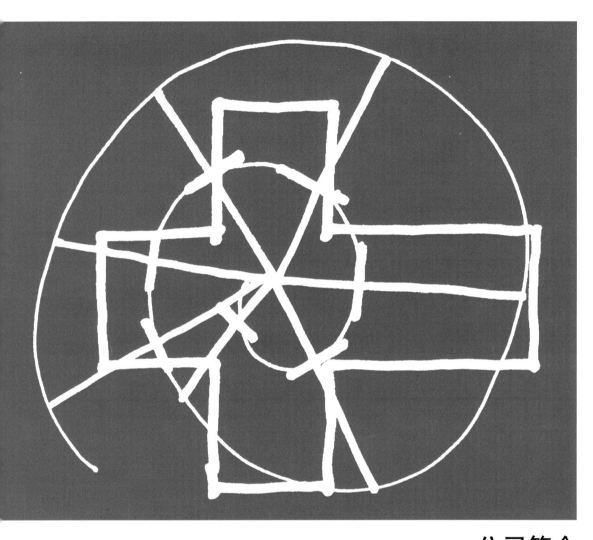

公司简介
Firm Profile

竞赛作品精选
Selected Competitions

1998
市镇中心停车楼，柯林斯堡，科罗拉多（一等奖）

1997
霍华德·休斯林荫大道 3993 号办公大楼，拉斯韦加斯，内华达（一等奖）

1996
多哈新国际机场，多哈，卡塔尔（一等奖）
AEC 设计竞赛，1996，长滩，加利福尼亚（一等奖）
拉里莫尔县司法中心，柯林斯堡，科罗拉多（一等奖）

1995
休斯中心办公大厦，拉斯韦加斯，内华达（一等奖）
奥克兰市政大楼，奥克兰，加利福尼亚（一等奖）

1994
仁川新都市机场航站楼，汉城，韩国（一等奖）

1992
国家牛仔纪念堂扩建及改造工程，俄克拉荷马市，俄克拉荷马州（一等奖）
科拉克县政府中心，拉斯维加斯，内华达（一等奖）

1991
国家野生生物艺术博物馆，杰克逊，怀俄明州（一等奖）

1989
国家资源楼，奥林匹亚，华盛顿州（一等奖）

1987
科罗拉多会议中心，丹佛，科罗拉多（一等奖）

1986
数据通用信息组工程后勤中心，方廷，科罗拉多（一等奖）

获奖项目精选
Selected Awards

公司奖
公司年度奖
1996 年度美国建筑师学会西部山脉地区奖

公司年度奖
1994 年度美国建筑师学会科罗拉多分会奖

工程获奖精选
1999 百老汇工程
1990 优胜奖，美国建筑师学会，科罗拉多分会
1985 荣誉奖，美国建筑师学会，西部山脉地区

美国黑人西部博物馆
1991 优胜奖，美国建筑师学会，西部山脉地区
1991 优胜奖，美国建筑师学会，丹佛分会
1988 斯蒂芬·H·哈特历史保护奖，科罗拉多历史学会

奥克兰市政大楼
1999 设计－建造杰出奖，美国设计－建造学会

科拉克县政府中心
1998 荣誉奖，美国建筑师学会，科罗拉多分会
1998 荣誉奖，国家工业与办公地产协会（NAIOP）
1997 荣誉奖，美国建筑师学会，西部山脉地区
1996 全奖，金奖，太平洋海岸建造者联合会及《建筑者》杂志

科罗拉多会议中心
1991 工程杰出奖，工程师顾问理事会
1991 荣誉奖，美国建筑师学会，丹佛分会
1990 荣誉奖，美国建筑师学会，科罗拉多分会
1990 优胜奖，美国建筑师学会，西部山脉地区

国家恐龙化石发掘博物馆
1996 卓越奖，美国建筑师学会，丹佛分会

丹佛国际机场乘客航站楼综合体
1995 荣誉奖，交通建筑设计，美国交通部
1994 荣誉奖，美国建筑师学会，科罗拉多分会
1994 荣誉奖，美国建筑师学会，西部山脉地区
1994 荣誉奖，美国建筑师学会，丹佛分会
1993 杰出奖，科罗拉多工程师顾问理事会
1993 杰出奖，纽约工程师顾问协会

杰斐逊县人类服务楼
1991 荣誉奖，美国建筑师学会，西部山脉地区
1991 优胜奖，美国建筑师学会，丹佛分会

西部艺术博物馆／纳瓦尔
1987 荣誉奖，美国建筑师学会，丹佛分会

1985 设计杰出奖，荣誉奖，美国建筑师学会，西部山脉地区
1985 荣誉奖，历史保护杰出奖，美国建筑师学会，丹佛分会
1985 杰出证书，美国建筑奖
1985 "最佳表现"荣誉奖，美国建筑师学会，丹佛分会
1984 荣誉奖，丹佛商业区有限公司，生活品质奖
1984 年度设计奖，美国室内设计师学会
1984 设计奖，美国建筑师学会，科罗拉多分会

国家野生生物艺术博物馆
1996 荣誉奖，美国建筑师学会，丹佛分会
1996 民众推选奖之卓越奖，丹佛 AIA
1996 荣誉提名，美国建筑师学会，科罗拉多分会
1996 荣誉奖，美国建筑师学会，西部山脉地区
1995 全奖，金奖，太平洋海岸建造者联合会
1995 民众推选奖之卓越奖，丹佛 AIA

自然资源楼
1997 设计－建造杰出奖，美国设计建造学会
1996 优胜奖，美国建筑师学会，科罗拉多分会
1993 建筑与节能优胜奖，美国建筑师学会，波特兰分会

皮里埃及剧院
1999 表扬奖，美国建筑师学会，科罗拉多分会
1999 荣誉奖，美国建筑师学会，西部山脉地区
1998 荣誉奖，美国建筑师学会，丹佛分会
1998 优胜奖，国家保护荣誉奖，国家历史保护托管会，1997
1997 优胜奖，美国剧场技术学会

伦斯塔运输中心
1991 优胜奖，美国建筑师学会，西部山脉地区
1991 优胜奖，美国建筑师学会，丹佛分会
1991 设计奖，美国建筑师学会，科罗拉多分会

地区交通委员会／地区洪水控制区域总部
2000 荣誉奖，美国建筑师学会，科罗拉多分会
1999 荣誉奖，美国建筑师学会，拉斯维加斯分会

特里奇楼
1999 优胜奖，美国建筑师学会，丹佛分会
1998 历史改造奖，建筑设计＆建造
1998 表扬奖，美国建筑师学会，西部山脉地区
1998 政府荣誉奖，科罗拉多保护有限公司

科罗拉多大学数学楼／盖米尔工程图书馆
1994 优胜奖，美国建筑师学会，丹佛分会
1993 科罗拉多砖石建筑杰出设计斯蒂芬·达奇(Steve.Dach)奖，国家优秀石造工程，落基山脉砖石建筑学会
1993 表扬奖，美国学校理事会及美国建筑师学会

建筑、项目及获奖作品年表
Chronological List of Buildings, Projects and Credits

1980
克里斯特尔中心
设计　1980
丹佛，科罗拉多
切斯曼房地产公司
设计主持人：Curtis W.Fentress
设计队伍：Brian Chaffee, Lisa K.Fudge

一英里高的广场
设计　1980
丹佛，科罗拉多
J.劳利尔集团
设计主持人：Curtis W.Fentress
设计队伍：Brian Chaffee, Mary Jane Donovan, Lisa K.Fudge, Chris Weber

叠层式大厦总体规划
设计　1980-1986
J.劳利尔集团
设计主持人：Curtis W.Fentress
工程主持人：James H.Bradburn
设计队伍：Robert Busch, Brian Chaffee, Gregory R.Gidez, Stuart A.Schunck, Dave B.Weigand

层叠式大楼
设计/竣工　1980/1981
因格伍德，科罗拉多
J·劳利尔集团
设计主持人：Curtis W.Fentress
设计队伍：Robert T.Brodie, Brian Chaffee, Mary Jane Donovan, Lisa K.Fudge, Frederic M.Harrington

南桥一号
设计/竣工　1980/1981
李特尔顿，科罗拉多
J.劳利尔集团
设计主持人：Curtis W.Fentress
设计队伍：Robert Brodie, Lisa K.Fudge, Elizabeth Hamilton, Frederic M.Harrington, Robert J.O'Donnell

迈尔斯通塔楼
设计/竣工　1980/1982
英格伍德，科罗拉多
J.劳利尔集团
设计主持人：Curtis W.Fentress
工程主持人：James H.Bradburn
设计队伍：Benjamin Berg, Donald W.DeCoster, Mary Jane Donovan, Robert C.Grubbs, John L.Mason

迈尔斯通广场总体规划
设计/竣工　1981/1986
英格伍德，科罗拉多
J.劳利尔集团
设计主持人：Curtis W.Fentress
工程主持人：James H.Bradburn
设计队伍：Robert Busch, Brian Chaffee, Gregory R.Gidez, Stuart A.Schunck, David B.Weigand

凯特里奇大楼
设计/竣工　1980/1981
丹佛，科罗拉多
凯特里奇地产
设计主持人：Curtis W.Fentress
工程主持人：James H.Bradburn
设计队伍：Deborah R.Allen, Brian Chaffee, Peter Frothingham, Gregory R.Gidez, Frederic M.Harrington, James F.Hartman, JoAnne Hege, Patrick M.McKelvey, Robert J.O'Donnell, John R.Taylor

1981
116因弗内斯车行道东
设计/竣工　1981/1982
英格伍德，科罗拉多
中部发展集团
设计主持人：Curtis W.Fentress
工程主持人：James H.Bradburn
设计队伍：Gregory R.Gidez, James F.Hartman, Michael Kicklighter, Dan Naegele, James Niemi, Byron Stewart

1999百老汇
设计/竣工　1981/1985
丹佛，科罗拉多
第一州际组织有限公司
设计主持人：Curtis W.Fentress
工程主持人：James H.Bradburn
项目企划：Michael O.Winters
项目监理：John K.McCauley
工作总管：Brit Probst
设计队伍：Robert T.Brodie, Robert G.Datson, Donald W.DeCoster, Lawrence Depenbusch, Douglas Dick, Gregory R.Gidez, Frederic M.Harrington, Michael Kicklighter, John M.Kudrycki, John L.Mason, Patrick M.Mckelvey, James Niemi, Clement Okoye, Frederick R.Pax, Sandy Prouty, John R.Taylor, Toshika Yoshida

圣灵罗马天主教堂
设计／竣工 1981／1985
丹佛，科罗拉多
劳德公司
设计主持人：Curtis W.Fentress
工程主持人：James H.Bradburn
项目建筑师：Michael O.Winters
项目监理：John L.Mason
设计队伍：Elizabeth Hamilton，John M.Kudrycki，Patrick M.McKelvey，Bruce R.Mosteller，John R.Taylor

1982
信托大厦
设计 1982
丹佛，科罗拉多
信托发展
设计主持人：Curtis W.Fentress
工程主持人：James H.Bradburn
设计队伍：Robert T.Brodie，Brian Chaffee，Gary Chamer，Lisa K.Fudge，Gregory R.Gidez，JoAnne Hege，John K.McCauley，Patrick M.McKelvey，James Niemi，Michael O.Winters

首府大厦／J.D.大厦
设计 1982
丹佛，科罗拉多
蒂逊欧家族产业
设计主持人：Curtis W.Fentress
设计配合：Gary Chamer

cdd会员礼堂
设计／竣工 1982／1983
丹佛，科罗拉多
剑桥发展集团
设计主持人：Curtis W.Fentress
工程主持人：James H.Bradburn
设计队伍：Deborah R.Allen，Frederic M.Harrington，James F.Hartman，JoAnne Hege，Leslie Leydorf，Carla McConnell，Patrick M.McKelvey，James Niemi，Nathaniel A.Taiwo，Dave B.Weigand，Richard T.Weldon，Toshika Yoshida

西部艺术博物馆／纳瓦尔
设计／竣工 1982／1983
丹佛，科罗拉多
威廉姆·福科斯利
设计主持人：Curtis W.Fentress
工程主持人：James H.Bradburn
助理建筑是：John Prosser
设计队伍：Deborah R.Allen，Donald W.DeCoster，Douglas Dick

南桥广场
设计／竣工 1982／1984
里特尔顿，科罗拉多
南桥广场协会有限公司
设计主持人：Curtis W.Fentress
工程主持人：James H.Bradburn
设计队伍：Elizabeth Hamilton，Kimble Hobbs，Bruce R.Mosteller，W.Harrison Phillips，Brit Probst，Bryon Stewart

韦尔顿大街停车场
设计／竣工 1982／1985
丹佛，科罗拉多
劳德公司
设计主持人：Curtis W.Fentress
工程主持人：James H.Bradburn
项目建筑师：Michael O.Winters
项目监理：John K.McCauley
工作总管：Patrick M.McKelvey
设计队伍：Douglas Dick，Frederic M.Harrington，Kimble Hobbs，John L.Mason，Brit Probst

1800格兰特大街
设计／竣工 1982／1985
丹佛，科罗拉多
1800格兰特大街协会有限公司
设计主持人：Curtis W.Fentress
工程主持人：James H.Bradburn
项目企划：Brian Chaffee
项目监理：John K.McCauley
工作总管：James F.Hartman
设计队伍：Deborah R.Allen，Gregory R.Gidez，Renata Hajek，JoAnne Hege，Mark A.Wagner，Toshika Yoshida

1983
YMCA 建筑
设计 1983
丹佛，科罗拉多
杰弗瑞·塞尔比＆杰·皮特森联合公司
设计主持人：Curtis W.Fentress
工程主持人：James H.Bradburn
设计配合：Gary Chamer

巴波亚公司总部
设计／竣工 1983/1984
丹佛，科罗拉多
凯普蒂瓦公司
设计主持人：Curtis W.Fentress
工程主持人：James H.Bradburn
设计队伍：Deborah R.Allen, Donald W.DeCoster, Gregory R.Gidez, JoAnne Hege, Stan Kulesa, James W.O'Neill, Toshika, Yoshida

共和公园旅馆
设计／竣工 1983/1985
恩格伍德，科罗拉多
斯坦·迈尔斯地产
设计主持人：Curtis W.Fentress
工程主持人：James H.Bradburn
项目监理：Mark A.Wagner
室内设计：Victor Huff and Associates
设计队伍：Lyle R.Anderson, Brian Chaffee, Gary Chamer, John K.McCauley

第一DTC建筑
设计／竣工 1983/1985
恩格伍德，科罗拉多
考拉姆房地产
设计主持人：Curtis W.Fentress
工程主持人：James H.Bradburn
项目企划：B.Edward Balkin
项目监理：Dalas Disney
设计队伍：Deborah R.Allen, Lyle R.Anderson, Garrett H.Christnacht, Gregory R.Gidez, Renata Hajek, Frederic M.Harrington, Stan Kulesa, James Niemi, Clement Okoye, Brit Probst, John R.Taylor, Toshika Yoshida

电信有限公司总部（叠层式大厦Ⅱ）
设计／竣工 1983/1985
恩格伍德，科罗拉多
J.洛利尔产业
得克萨斯第一储蓄联合公司
设计主持人：Curtis W.Fentress
工程主持人：James H.Bradburn
项目企划：Michael O.Winters
设计队伍：Deborah R.Allen, Donald W.DeCoster, Frank G.Hege, John M.kudrycki, James Niemi, Frederick R.Pax, Brit Probst

1984
恩格伍德多功能中心
设计 1984
恩格伍德，科罗拉多
泰利公司
设计主持人：Curtis W.Fentress
工程主持人：James H.Bradburn
设计队伍：B.Edward Balkin, Douglas Dick

西奈礼拜堂
设计／竣工 1984/1987
丹佛，科罗拉多
西奈天主教会
设计主持人：Curtis W.Fentress
工程主持人：James H.Bradburn
项目企划：B.Edward Balkin
项目监理：John K.McCauley
设计队伍：Ava Dahlstrom, Dalas Disney, John R.Taylor

图森都市中心总体规划
设计 1984
图森，亚利桑那
信托发展集团
设计主持人：Curtis W.Fentress
工程主持人：James H.Bradburn
设计配合：Michael O.Winters

卡斯特伍德广场总体规划
设计 1984
恩格伍德，科罗拉多
J.洛利尔产业
设计主持人：Curtis W.Fentress
工程主持人：James H.Bradburn
设计队伍：B.Edward Balkin, Steve Nelson

贝尔山特殊服务中心
设计 1984
丹佛，科罗拉多
贝尔山
设计主持人：Curtis W.Fentress
工程主持人：James H.Bradburn
设计队伍：Deborah R.Allen, Donald W.DeCoster, Annette English, Gregory R.Gidez, Frank G.Hege, JoAnne Hege, James W.O'Neill, Frederick R.pax, Toshika Yoshida

拓荒者(Pioneer)广场旅店
设计 1984
丹佛，科罗拉多
剑桥发展集团
设计主持人：Curtis W.Fentress
工程主持人：James H.Bradburn
设计队伍：Gary Chamer, Lisa K.Fudge, Gregory R.Gidez, Michael O.W'inters

格林维尔公园大厦
设计 1984
达拉斯，得克萨斯
JRI国际／罗伯特·赫洛维公司
设计主持人：Curtis W.Fentress
工程主持人：James H.Bradburn
项目建筑师：Michael O.Winters
设计队伍：Garrett M.Christnacht, Steven O.Gregory, Clement Okoye, James W.O'Neill, John R.Taylor

莱克星顿(Lexington)中心
设计／竣工 1984/1985
科罗拉多泉城，科罗拉多
泰克尔发展公司
设计主持人：Curtis W.Fentress
工程主持人：James H.Bradburn
项目企划：Brian Chaffee
项目监理：John K.McCauley
工作总管：Patrick M.McKelvey

诺威斯特大厦
设计／竣工 1984/1986
图森，亚利桑那
信托发展集团
设计主持人：Curtis W.Fentress
工程主持人：James H.Bradburn
项目企划：Michael O.Winters
项目监理：Stan Kulesa
设计队伍：Jane Bertschinger, Brian Chaffee, Garrett M.Christnacht, Douglas Dick, Donald W.DeCoster, Gregory R.Gidez, Frank G.Hege, Renata Hajek, john L.Mason, James Niemi, James W.O'Neill, Jim Snyder

通用数据领域工程后勤中心
设计／竣工 1984/1986
方廷，科罗拉多
通用数据公司
设计主持人：Curtis W.Fentress
工程主持人：James H.Bradburn
项目企划：B.Edward Balkin
工作总管：John M.Kudrycki
项目监理：Brit Probst
设计队伍：Garrett M.Christnacht, Frank G.Hege, Renata Hajek, Steven Fritzky

1985
百年办公公园总体规划
设计 1985
恩格伍德，科罗拉多
米申维觉
设计主持人：Curtis W.Fentress
工程主持人：James H.Bradburn
设计队伍：B.Edward Balkin, Charlotte C.Breed

林荫道公园总体规划
设计 1985
里特尔顿，科罗拉多
泰利公司
设计主持人：Curtis W.Fentress
工程主持人：James H.Bradburn
设计配合：Charlotte C.Breed

水手梦天堂圆形露天剧场(Fiddlers Green Amphitheater)
设计 1985
恩格伍德,科罗拉多
约翰·马登公司
设计主持人:Curtis W.Fentress
工程主持人:James H.Bradburn
设计队伍:Amy Solomon,Galen Bailey,Todd R.Britton

1986
美国黑人西部博物馆
设计/竣工 1986/1987
丹佛,科罗拉多
美国黑人西部博物馆
设计主持人:Curtis W.Fentress
工程主持人:James H.Bradburn
项目建筑师:James F.Hartman
设计队伍:Mark Brinkman,Donald W.DeCoster,Mary Jane Koenig,Francis Mishler

爱达荷州电力公司总部
设计/竣工 1986/1989
博伊西,爱达荷
爱达荷电力公司
设计主持人:Curtis W.Fentress
工程主持人:James H.Bradburn
建筑师档案:CSHQA Associates
项目建筑师:Michael O.Winters
空间规划:Sandy Prouty
设计队伍:Robert G.Datson,Karin Mason,Jack M.Mousseau,Jun Xia

杰弗逊县人类服务大楼
设计/竣工 1986/1989
戈尔登,科罗拉多
杰弗逊县,科罗拉多
设计主持人:Curtis W.Fentress
工程主持人:James H.Bradburn
设计队伍:B.Edward Balkin,Renata Hajek,Barbara K.Hochstetler,John M.Kudrycki,John L.Mason,Mark A.Wagner

科罗拉多矿业学校
设计/竣工 1986/1990
戈尔登,科罗拉多
科罗拉多矿业学校
设计主持人:Curtis W.Fentress
工程主持人:James H.Bradburn
设计队伍:Robert G.Datson,James F.Hartman,Nancy Kettner,Ned Kirschbaum,Robert Root,Robert Young

伦斯塔运输中心
设计/竣工 1986/1991
图森,亚利桑那
图森城
设计主持人:Curtis W.Fentress
工程主持人:James H.Bradburn
项目企划:Brian Chaffee
项目监理:Robert Louden
设计队伍:James Carpenter,John L.Mason,Clement Okoye,Robert Root,Michael O.Winters

杰弗逊县政府中心总体规划
设计/竣工 1986/1989-1992
戈尔登,科罗拉多
杰弗逊县,科罗拉多
设计主持人:Curtis W.Fentress
工程主持人:James H.Bradburn
项目建筑师:B.Edward Balkin
设计配合:Brian Chaffee

1987
阳光广场
设计 1987
科罗拉多泉城,科罗拉多
阳光资源有限公司
设计主持人:Curtis W.Fentress
工程主持人:James H.Bradburn
项目设计人:Luis O.Acosta
项目管理人:John K.McCauley
工作总管:Patrick M.McKelvey
设计队伍:Sandy Brand,Gregory R.Gidez,Frederick R.Pax,John R.Taylor

博伊西市政中心
设计 1987
博伊西，爱达荷
迪克·赫尔茨
设计主持人：Curtis W. Fentress
工程主持人：James H. Bradburn
项目建筑师：Michael O. Winters

科罗拉多会议中心（竞赛）
设计／竣工 1987/1990
丹佛，科罗拉多
丹佛市及县府
设计主持人：Curtis W. Fentress
工程主持人：James H. Bradburn
合作建筑师：Loschky MarQuardt and Nesholm; Bertram A. Bruton and Associates
项目企划：Michael O. Winters
项目监理：Brit Probst
室内设计：Barbara K. Hochstetler
设计队伍：B. Edward Balkin, Ronald R. Booth, Richard Burkett, Brian Chaffee, Melanie Colcord, Gregory R. Gidez, Nancy Kettner, John M. Kudrycki, Lauren Lee, Greg Lemon, Beverly G. Pax, John M. Salisbury, Les Stuart, Mark A. Wagner

1988
牛津剑桥市镇中心
设计 1988
牛津剑桥，英国
达维德·斯帕罗
设计主持人：Curtis W. Fentress
工程主持人：James H. Bradburn
项目企划：Michael O. Winters
设计配合：Douglas Dick

丹佛许可证中心
设计／竣工 1988/1989
丹佛，科罗拉多
丹佛市及县府，科罗拉多
设计主持人：Curtis W. Fentress
工程主持人：James H. Bradburn
设计队伍：James Carpenter, Robert G. Datson, Philip Davis, James F. Hartman, Beverly G. Pax, Frederick R. Pax, Robert Root, John M. Salisbury, Les Stuart

富兰克林与湖区
设计／竣工 1988/1989
芝加哥，伊利诺伊
泽勒地产
设计主持人：Curtis W. Fentress
工程主持人：James H. Bradburn
项目建筑师：Michael O. Winters
设计配合：Jun Xia

樱桃湾广场
设计／竣工 1988/1990
丹佛，科罗拉多
布拉麻里
设计主持人：Curtis W. Fentress
工程主持人：James H. Bradburn
设计合作者：B. Edward Balkin

杰弗逊县政府中心司法及行政大楼
设计／竣工 1988/1993
戈尔登，科罗拉多
杰弗逊县，科罗拉多
设计主持人：Curtis W. Fentress
工程主持人：James H. Bradburn
项目企划：Brian Chaffee
项目监理：James F. Hartman
室内设计：Barbara K. Hochstetler
设计队伍：Gregory D. Billingham, Bill Bramblett, Sandy J. Brand, Richard Burkett, James Carney, James Carpenter, Gregory R. Gidez, Ala F. Hason, Judith Jump, Ned Kirschbaum, Lauren Lee, Robert Louden, John L. Mason, Clement Okoye, Beverly G. Pax, Brit Probst, Samuel Tyner, Mark A. Wagner, Lyn Wisecarver Johnson

1989
丹佛艺术博物馆（美国西部美术馆）
设计／竣工 1989
丹佛，科罗拉多
丹佛美术博物馆
设计主持人：Curtis W. Fentress
工程主持人：James H. Bradburn
项目监理：Michael Gengler, Robert Root, John M. Salisbury

伊斯特斯公园社团与会议中心
设计／竣工　1989/1991
伊斯特斯公园，科罗拉多
伊斯特斯公园镇，科罗拉多
设计主持人：Curtis W.Fentress
工程主持人：James H.Bradburn
建筑师档案：Thorpe and Associates
总主持人：Roger Thorpe
项目建筑师：Christopher A.Carvell
项目监理：Mark A.Wagner
室内设计：Barbara K.Hochstetler

科罗拉多大学数学楼／盖米尔工程科学图书馆
设计／竣工　1989/1992
玻尔得，科罗拉多
科罗拉多大学
设计主持人：Curtis W.Fentress
工程主持人：James H.Bradburn
项目企划：Christopher A.Carvell
项目建筑师：Robert Louden
室内设计：Gary Morris
项目监理：Nancy Kettner
设计队伍：Douglas Eichelberger, Greg Lemon, Michael O.Winters, Jun Xia

国家资源实验室及行政大楼（竞赛）
设计／竣工　1989/1992
奥林匹亚，华盛顿州
华盛顿州，总务管理局
设计主持人：Curtis W.Fentress
工程主持人：James H.Bradburn
项目建筑师：Ronald R.Booth
室内设计：Barbara K.Hochstetler
项目监理：John M.Kudrycki
工作总管：Gregory R.Gidez
设计队伍：James Carney, Milan Hart, Arthur A.Hoy, III, Lyn Wisecarver Johnson, Lauren Lee, David Tompkins, Michael Wisneski

科罗拉多州首府逃生安全系统更新工程
设计／竣工　1989/1999
丹佛，科罗拉多
科罗拉多州
设计主持人：Curtis W.Fentress
工程主持人：James H.Bradburn
项目建筑师：James F.Hartman
设计队伍：Garrett M Christnacht, Ala F.Hason, Brian Ostler, John M.Salisbury, Samuel Tyner

1990

韦斯特莱克居住区
设计　1990
西雅图，华盛顿州
星界投资
设计主持人：Curtis W.Fentress
工程主持人：James H.Bradburn
项目建筑师：Christopher A.Carvell
项目监理：Mark A.Wagner
设计队伍：Richard Burkett, Peter D.Carlson

809 奥利夫路(Olive Way)
设计　1990
西雅图，华盛顿州
西部证券有限公司
设计主持人：Curtis W.Fentress
工程主持人：James H.Bradburn
项目建筑师：Christopher A.Carvell
项目监理：Mark A.Wagner
设计队伍：Ronald R.Booth, Robert Louden

丹佛中心图书馆及城镇分析
设计　1990
丹佛，科罗拉多
丹佛市及县府，科罗拉多
设计主持人：Curtis W.Fentress
工程主持人：James H.Bradburn
设计队伍：Arthur A.Hoy, III, Michel Pariseau

联运改造规划
设计　1990—1991
丹佛，科罗拉多
联运改造委员会
设计主持人：Curtis W.Fentress
工程主持人：James H.Bradburn
设计队伍：Galen Bailey, Todd R.Britton, Arthur A.Hoy, III

IBM 客户服务中心
设计／竣工　1990／1992
玻尔德，科罗拉多

IBM
设计主持人：Curtis W.Fentress
工程主持人：James H.Bradburn
项目企划：Barbara K.Hochstetler
项目监理：Donald W.DeCoster
设计队伍：Robert G.Datson, Kathleen Corner Galvin, John A.Gossett, Judith Jump, Sandy Prouty, Michael O.Winters

1991
教堂广场
设计　1991
密尔沃基，威斯康星
克拉姆房地产集团
设计主持人：Curtis W.Fentress
工程主持人：James H.Bradburn
设计队伍：Peter D.Carlson

艺术学院博物馆（加利福尼亚大学圣·芭芭拉分校）
设计　1991
圣·芭芭拉，加利福尼亚
加利福尼亚大学圣·芭芭拉分校
设计主持人：Curtis W.Fentress
工程主持人：James H.Bradburn
助理建筑师：John Prosser
设计配合：Michael O.Winters Design collaborator: Douglas Dick

丹佛国际机场乘客综合航站楼
设计／竣工　1991／1994
丹佛，科罗拉多
丹佛市及县府
设计主持人：Curtis W.Fentress
工程主持人：James H.Bradburn
合作建筑师：Pouw and Associates Inc.; Bertram A.Bruton and Associates
项目建筑师：Michael O.Winters
项目监理：Thomas J.Walsh
室内设计：Barbara K.Hochstetler
项目指导：Brit Probst
工作总管：Joseph Solomon, John M.Salisbury
设计队伍：Galen Bailey, Todd R.Britton, Richard Burkett, James Carney, James Carpenter, Brian Chaffee, Garrett M.christnacht, John Gagnon, Kathleen Galvin, Michael Gengler, Gregory R.Gidez, Warren Hogue, III, Doris Hung, Charles Johns, Anthia Kappos, Michael Klebba, John M.Kudrycki, Lauren Lee, Robert Louden, Michael Miller, Gary Morris, Jack M.Mousseau, A.Chris Olson, Brian Ostler, Teri Paris, Frederick R.Pax, Robert Root, Tim Roush, Amy Solomon, Les Stuart, Dave Tompkins, Samuel Tyner, Mark A.Wagner, John C.Wurzenberger, Jr., Jun Xia

国家野生生物艺术博物馆（竞赛）
设计／竣工　1991／1995
杰克逊·赫尔，怀俄明
国家野生生物艺术博物馆／比尔及乔法·科尔
设计主持人：Curtis W.Fentress
工程主持人：James H.Bradburn
项目建筑师：Brian Chaffee
室内设计：Gary Morris
工作总管：Gregory R.Gidez
设计队伍：Anthia Kappos, Brian Ostler, Tim Roush

国家牛仔(Cowboy)纪念堂修复／扩建工程（竞赛）
设计／竣工　1991/1997
俄克拉荷马市，俄克拉荷马
国家牛仔纪念堂
设计主持人：Curtis W.Fentress
工程主持人：James H.Bradburn
项目建筑师：Ronald R.Booth
室内设计：Barbara K.Hochstetler
项目监理：Mark A.Wagner
工作总管：Gregory D.Billingham
设计队伍：Peter D.Carlson，John Gagnon，John M.McGahey，Gary Morris，Jack M.Mousseau，Teri Paris，Thomas P.Theobald

1992
国家恐龙化石发掘博物馆
设计　1992
峡谷城，科罗拉多
加登公园 Paleontological 协会
设计主持人：Curtis W.Fentress
工程主持人：James H.Bradburn
项目建筑师：Brian Chaffee
设计队伍：Carl J.Dalio，Wilbur Moore

西山旅店
设计　1992
凯斯通，科罗拉多
设计主持人：Curtis W.Fentress
工程主持人：James H.Bradburn
项目建筑师：Michael O.Winters
项目监理：Brit Probst
设计队伍：Gary Chamer，Mark A.Wagner

东部银行会议中心及旅店
设计　1992
维奇塔，堪萨斯
罗斯投资
设计主持人：Curtis W.Fentress
工程主持人：James H.Bradburn
项目建筑师：Mark A.Wagner
室内设计：Barbara K.Hochstetler

科罗拉多会议中心旅店
设计　1992
丹佛，科罗拉多
J.卢利文集团
设计主持人：Curtis W.Fentress
工程主持人：James H.Bradburn
设计队伍：Galen Bailey，Todd R.Britton，Amy Solomon，Jun Xia

科尔斯运动场
设计　1992
丹佛，科罗拉多
丹佛市棒球联合总会棒球体育馆地区组委会
设计主持人：Curtis W.Fentress
工程主持人：James H.Bradburn
合作建筑师：Ellerbe Becket，Inc，
设计队伍：John A.Gossett，Michael Pariseau

吉隆坡机场
设计　1992
吉隆坡
迈克利尔航空集团
设计主持人：Curtis W.Fentress
工程主持人：James H.Bradburn
设计队伍：Carl J.Dalio，Michael O.Winters

莫斯科改造工程
设计　1992
莫斯科，俄国
莫斯科改造集团
设计主持人：Curtis W.Fentress
工程主持人：James H.Bradburn
合作建筑师：Andrei Meerson & Partners
设计队伍：Arthur A.Hoy，III，Jack M.Mousseau，Aleksandr Sheykhet，Michael O.Winters

卡特利纳度假区
设计　1992
卡特利纳海边疗养地，奥可他，哥斯达黎加
国际发展有限公司
设计主持人：Curtis W.Fentress
工程主持人：James H.Bradburn
项目企划：Jack M.Mousseau
项目监理：Barbara K.Hochstatler
设计配合：Wilbur Moore

建筑、项目及获奖作品年表　**237**

科拉克县总体规划

设计 1992

拉斯韦加斯，内华达

科拉克县通用部

设计主持人：Curtis W.Fentress

工程主持人：James H.Bradburn

设计队伍：Arthur A.Hoy,III, Michael O.Winters

科拉克县政府中心（竞赛）

设计/竣工 1992/1995

拉斯韦加斯，内华达

科拉克县通用部

设计主持人：Curtis W.Fentress

工程主持人：James H.Bradburn

合作建筑师：Domingo Cambeiro Corporation

项目建筑师：Michael O.Winters

室内设计：Barbara K.Hochstetler

项目监理：John M.Kudrycki

工作总管：Ned Kirschbaum

设计队伍：Ronald R.Booth, John A.Gossett, Ala F.Hason, Warren Hogue,III, Arthur A.hoy,III, Anthia Kappos, Lauren Lee, Robert Louden, Gary Morris, Joy Spatz, Michael Wisneski, John C.Wurzenberger, Jr.

大卫·E·斯凯格斯综合体（国家海洋大气局波尔得研究实验室）

设计/竣工 1992/1998

波尔德，科罗拉多

美国通用局/国家海洋大气局

设计主持人：Curtis W.Fentress

工程主持人：James H.Bradburn

项目建筑师：Ronald R.Booth

室内设计：Barbara K.Hochstetler

项目监理：Jaffrey W.Olson

设计队伍：Peter D.Carlson, Gregory R.Gidez, Ala F.Hason, Warren Hogue,III, Robert Louden, Gary Morris, Teri Paris

1993

海参崴市中心

设计 1993

海参崴，俄国

朱庇特发展

设计主持人：Curtis W.Fentress

工程主持人：James H.Bradburn

项目建筑师：Arthur A.Hoy,III

设计队伍：Doni Mitchell, Aleksandr Sheykhet

曼谷第二国际机场（竞赛）

设计 1993

曼谷，泰国

泰国航站当局

设计主持人：Curtis W.Fentress

工程主持人：James H.Bradburn

合作建筑师：McClier Aviation Group

项目企划：Michael O.Winters

室内设计：Barbara K.Hochstetler

项目建筑师：Jack M.Mousseau

项目监理：Thomas J.Walsh

设计队伍：Galen Bailey, Nina Bazian, Todd R.Britton, Catherine Dunn, David Goorman, John A.Gossett, John M.McGahey, Doni Mitchell, Gary Morris, Minh Nguyen, Brian Ostler, Amy Solomom, Voraporn Sundarupura

光州(Kwangiu)银行总部

设计 1993

光州，韩国

光州银行

设计主持人：Curtis W.Fentress

工程主持人：James H.Bradburn

设计配合：Arthur A.Hoy,III

大卫·埃克尔斯会议中心和皮里埃及剧院

设计/竣工 1993/1996

奥格登，犹他州

韦伯县，犹他州

设计主持人：Curtis W.Fentress

工程主持人：James H.Bradburn

建筑师档案：Sanders Herman Associates

项目企划：Ronald R.Booth

项目建筑师：Christopher A.Carvell

项目监理：Mark A.Wagner

设计队伍：Gregory D.Billingham, Peter D.Carlson, Robert Herman, Michael Sanders, Thomas P.Theobald

科罗拉多基督徒之家／坦尼桑儿童与家庭中心

设计／竣工　1993/1996

丹佛，科罗拉多

国家慈善会

设计主持人：Curtis W.Fentress

工程主持人：James H.Bradburn

项目建筑师：Arthur A.Hoy,III

技术配合：Gregory R.Gidez

设计队伍：John Gagnon,Warren Hogue,III,Teri Paris

蒙特罗斯政府中心

设计／竣工　1993/1997

蒙特罗斯，科罗拉多

蒙特罗斯县，科罗拉多

设计主持人：Curtis W.Fentress

工程主持人：James H.Bradburn

合作建筑师：Reilly Johnson,Architects

项目建筑师：Christopher A.Carvell

项目企划：Brian Chaffee

设计队伍：Doni Mitchell,Aleksandr Sheykhet

甘特(Gunter)纪念堂修缮（北部科罗拉多大学）

设计／竣工　1993/1997

格里利，科罗拉多

北部科罗拉多大学

设计主持人：Curtis W.Fentress

工程主持人：James H.Bradburn

设计队伍：Christopher A.Carvell,John Conklin,James F.Hartman,Lauren Lee

1994

贝鲁特露天市场重建：国际概念竞赛

设计　1994

贝鲁特，黎巴嫩

索利德尔

设计主持人：Curtis W.Fentress

工程主持人：James H.Bradburn

合作建筑师：Saudi Diyar Consultants

项目监理：Michael Wisneski

项目建筑师：Ala F.Hason

建筑历史学家：Roger A.Chandler

研究员：Mark T.Harpe

设计队伍：Nina Bazian,Jamili Butros Copty,Yasser R.Kaaki,Jack M.Mousseau,Minh Nguyen,Voraporn Sundarupura

夏威夷会议中心

设计　1994

檀香山，夏威夷

夏威夷州

设计主持人：Curtis W.Fentress

工程主持人：James H.Bradburn

合作建筑师：DMJM Hawaii;Kauahikaua and Chun Associates

项目建筑师：Michael O.Winters

项目监理：John M.Kudrycki

项目企划：Jack M.Mousseau

室内设计：Gary Morris

设计队伍：Nina Bazian,Cydney Fisher,Michael Gengler,Haia Ghalib,John A.Gossett,Ala F.Hason,John M.McGahey,Aleksandr Sheykhet,Voraporn Sundarupura,Thomas J.Walsh,John C.Wurzenburger,Jr.

水球湾一号(One Polo Creck)

设计／竣工　1994/1997

樱桃湾，科罗拉多

BCORP资产和AIMCO

设计主持人：Curtis W.Fentress

工程主持人：James H.Bradburn

项目企划：Christopher A.Carvell

项目建筑师：Robert Louden,John C.Wurzenburger,Jr.

设计队伍：Gregory D.Billingham,Richard Burkett,William B.Buyers,Peter D.Carlson,Garrett M.Christnacht,Jayne Coburn,Marc Dietrick,Catherine Dunn,Jane Hiley,Warren Hogue,III,Arthur A.Hoy,III,Charles Johns,Patrick Keefe,Jamie LaCasse,Gregory Lockridge,Robert Louden,Jack M.Mousseau,Scott Martin,Michael Miller,Gary Morris,A.Chris Olson,Mark Rothman,Aleksandr Sheykhet,James Sobey,Michael Stesney,Les Stuart,Alexa Taylor,Thomas P.Theobald,Alexander Thome[1],Paul Tylar,Mark A.Wagner,Marilyn White,Michael Wisneski,John C.Wurzenburger,Jr.

汉城仁川国际机场乘客航站楼综合体（竞赛）
设计／竣工　1994/2000
汉城，南朝鲜
韩国航站当局
设计主持人：Curtis W.Fentress
工程主持人：James H.Bradburn
合作建筑师：Korean Architects Collaborative International(KACI)
项目建筑师：Jack M.Mousseau
室内设计：Barbara K.Hochstetler
项目指导：Thomas J.Walsh
工作总管：Richard Burkett
设计队伍：Galen Bailey, Todd R.Britton, Richard Burkett, Jack Cook, John Gagnon, Arthur A.Hoy,III, Anthia Kappos, Ned Kirschbaum, Lauren Lee, Scott Martin, John M.McGahey, Wilbur Moore, Gary Morris, Brian Ostler, Mark Outman, Michelle Ray, Tim Roush, Amy Solomon, Les Stuart, Michael O.Winters, John C.Wurzenberger, Jr.

1995

3883霍华德·休斯林荫大道（竞赛）
设计／竞赛　1995/2000
拉斯维加斯，内华达
霍华德·休斯公司
设计主持人：Curtis W.Fentress
工程主持人：James H.Bradburn
设计队伍：Michael O.Winters, Jack Mousseau, Peter Carlson

温库泊广场一号(Wynkoop)
设计／竣工　1995/1997
丹佛，科罗拉多
瑟莫发展L·L·C
设计主持人：Curtis W.Fentress
工程主持人：James H.Bradburn
合作建筑师：Shears-Leese Associated Architects
项目企划：Brian Chaffee
设计队伍：Catherine Dunn, Charles Johns, Jack Mousseau, Alexander Sheyket

丹巴(Dunbar)度假胜地
设计／竣工　1995/1998
枯木城，南达科他州
丹巴度假胜地
设计主持人：Curtis W.Fentress
工程主持人：James H.Bradburn
建筑设计：Hill/Glazier Architects, Inc.
项目企划：Robert Glazier
项目监理：John M.Kudrycki
设计队伍：Warren Hogue, III, Ned Kirschbaum, Robert Louden, Scott Martin, A.Chris Olson, Robert Riffel, Alexa Taylor, THomas P.Theobald, Alexander Thome'

奥克兰城行政大楼（竞赛）
设计／竣工　1995/1998
奥克兰，加利福尼亚
奥克兰城
设计主持人：Curtis W.Fentress
工程主持人：James H.Bradburn
合作建筑师：Muller & Caulfield, Gerson/Overstreet, Y.H.Lee
项目建筑师：Ronald R.Booth
项目企划：Ronald R.Booth, Peter D. Carlson, Catherine Dunn, Mark Outman
项目监理：Jeff Olson
设计队伍：John Conklin, Gregory R.Gidez, Warren Hogue, III, Kristen Hurty, Gregory Lockridge, Michael Miller, Jack M.Mousseau, Trey Warren, Michael O. winters, Jacqueline Wisniewski, Monica Barrasa, Shannon Cody, Barbara Fentress

教堂城市政中心（竞赛）
设计　1995
教堂城，加利福尼亚
教堂城市
助理建筑师：Donald A.Wexler
设计主持人：Curtis W.Fentress
工程主持人：James H.Bradburn
设计队伍：Jim Sobey, Cydney McGlothlin

银行楼
设计 1995
丹佛，科罗拉多
国有地产
设计主持人：Curtis W.Fentress
工程主持人：James H.Bradburn
项目建筑师：Joseph Solomon
项目监理：Jim Hartman
工作总管：John C.Wurzenberger,Jr.
设计配合：Brian Ostler

1996

AEC 设计竞赛，1996（本特利系统有限公司）
设计 1996
长滩，加利福尼亚
拉特科维奇公司
设计主持人：Curtis W.Fentress
工程主持人：James H.Bradburn
项目企划：Deborah Lucking
项目监理：Mark Rothman
设计队伍：Ned Kirschbaum, Petr Dostal, Cydney Fisher, Haia Ghalib, Scott Martin, Mark McGlothlin

DIA 韦斯汀旅馆
设计 1996
丹佛，科罗拉多
DIA 发展公司
设计主持人：Curtis W.Fentress
工程主持人：James H.Bradburn
设计队伍：Brian Chaffee, James Sobey, Thomas J. Walsh, Kristen Hurty, Cydney Fisher

特里奇大厦和里亚托咖啡厅
设计／竣工 1996/1998
丹佛，科罗拉多
塞奇友善财团
设计主持人：Curtis W.Fentress
工程主持人：James H.Bradburn
设计队伍：Jim Hartman, Warren Hogue, Petr Dostal, Beat Johnson, Joseph Solomon, John Kudrycki, Ronald R.Booth, Marc Dietrick, Jim Johnson, Mark Wagner, Greg Gidez, Irina Mokrova, Kristen Hurty, Robin D. Ault

ICG 通讯公司总部
设计／竣工 1996/1997
恩格伍德，科罗拉多
ICG 通讯有限公司
建筑设计：
设计主持人：Curtis W.Fentress
工程主持人：James H.Bradburn
项目建筑师：Michael O.Winters
项目监理：John M.Kudrycki
设计队伍：William B.Buyers, Todd R.Britton, Robert Riffel, Alekandr Sheykhet, Amy So Ioman, Alexander Thome, Jacqueline Wisniewski

J·D·爱德华 &Co.公司总部
设计／竣工 1996/1997
丹佛，科罗拉多
J·D·爱德华和公司
设计主持人：Curtis W.Fentress
工程主持人：James H.Bradburn
项目企划：Ronald R.Booth
项目监理：Jeff Olson
工作总管：Robert Louden
设计队伍：Robin D.Ault, Garrett M. Christnacht, Haia Ghalib, David Harmon, Warren Hogue, III, Sanieev Molhatra, Robert Riffel, Alexander THome
室内项目管理：John C.Wurzenberger, Jr
室内项目设计：Jamie LaCasse

加拿大海湾资源有限公司（室内）
设计／竣工 1996/1997
丹佛，科罗拉多
加拿大海湾资源有限公司
设计主持人：Curtis W.Fentress and Michael O. Winters
工程主持人：James H.Bradburn
项目企划：Jamie LaCasse
项目监理：John C.Wurzenberger, Jr
设计队伍：Shannon Cody, Cydney Fisher, Ali Gidfar, David Harman, Brent Mather, Mark McGlothlin, Irina Mokrova

地区运输委员会与地区洪水控制总部及行政中心

设计／竣工　1996/1998

拉斯韦加斯，内华达

区域运输委员会

合作建筑师：Robert A.Fielden

设计主持人：Curtis W.Fentress

工程主持人：James H.Bradburn

设计负责人：Michael O.Winters

设计队伍：Robert Riffel, Robert Louden, Brent Mather, Sanjeev Malhotra, Todd R.Britton, Amy Solomon

棕榈海湾海滨度假村

设计／竣工　1996/1999

罗坦，洪都拉斯

罗坦发展集团

设计主持人：Curtis W.Fentress

工程主持人：James H.Bradburn

项目企划：James Sobey

项目配合：Brian Chaffee

多哈新国际机场（竞赛）

设计／竣工　1996/2000

多哈，卡塔尔

政务及农业部

设计主持人：Curtis W.Fentress

工程主持人：James H.Bradburn

项目企划：Jack M.Mousseau

项目监理：Ned Kirschbaum

设计队伍：Thomas J.Walsh, Jack Cook, Mark Outman, Thomas P.Theobald, Deborah Lucking, Alexander Thomé, Haia Ghalib, Robert Riffel, Valerie Slack, Alexa Taylor, Mike Miller, Garrett M.Christnacht, Shannon Cody, Tina DuMond, Gregory Lockridge, Scott Martin, Jacqueline Wisniewski, Bradly Wonnacott

1997

马德里新航站楼区／巴拉哈国际机场（竞赛）

设计　1997

马德里，西班牙

AENA

设计主持人：Curtis W.Fentress

设计队伍：Ronald R.Booth, Thomas J.Walsh, Kristoffer Kenton, Robin D.Ault, Mark McGlothlin, Cydney McGlothlin, Mark Outman, Todd Britton, Amy Solomon, John Rollo, Brent Mather, Haia Ghalib

苏里亚自由综合体（古晋市镇中心）

设计／竣工　1997/2004

古晋，沙捞越，马来西亚

HAL发展Son.Bhd.（吉隆坡）

设计主持人：Curtis W.Fentress

工程主持人：James H.Bradburn

项目企划：Mark Outman

设计配合：Haia Ghalib

慕尼黑机场第二航站楼（竞赛）

设计／竣工　1997/1998

慕尼黑，德国

慕尼黑机场

设计主持人：Curtis W.Fentress

工程主持人：James H.Bradburn

项目企划：Jack Mousseau

设计队伍：Will Moore, Robin D.Ault, Cydney McGlothlin, Mark McGlothlin

3993霍华德·休斯林荫大道（竞赛）

设计／竣工　1997/1999

拉斯维加斯，内华达

霍华德·休斯公司

设计主持人：Curtis W.Fentress

工程主持人：James H.Bradburn

设计负责人：Michael O.Winters

设计队伍：Jack Cook, Robert Riffel, Sanjeev Malhotra, Robert Louden, Brent Mather, Mark Outman

米德韦(Midway)办公综合体及总体规划

设计　1997

孟斐斯，田纳西

私营公司

设计主持人：Curtis W.Fentress

工程主持人：James H.Bradburn

设计队伍：Ronald R.Booth, Cydney McGlothlin, Mark McGlothlin

吉隆坡旅馆及办公综合体

设计／竣工　1997/2000

吉隆坡，马来西亚

Hiap Aik Construction Berhad

设计主持人：Curtis W.Fentress

工程主持人：James H.Bradburn

项目企划：James Sobey

项目监理：Greg D.Billingham

要塞市镇中心(Presidio)
设计／竣工 1997/2000
旧金山，加利福尼亚
贝什尔资产有限公司
设计主持人：Curtis W.Fentress
工程主持人：James H.Bradburn
项目企划：James Sobey

戈尔德拉什娱乐场
设计／竣工 1997/2000
中心城市，科罗拉多
王朝有限公司旅店及娱乐场
设计主持人：Curtis W.Fentress
工程主持人：James H.Bradburn
项目监理：Jack Cook
设计队伍：Arthur A.Hoy,III,Jack M.Mousseau

迪拉(Deira)公共汽车站和停车场（竞赛）
设计／竣工 1997/2000
迪拜，阿拉伯联合酋长国
迪拜市政当局
设计主持人：Curtis W.Fentress
工程主持人：James H.Bradburn
合作建筑师：Dar Al-Handasah Shair and Partners
项目企划：Brian Chaffee
设计队伍：William B.Buyers,Deborah Lucking

布莱克·霍克娱乐场
设计 1997
布莱克·霍克，科罗拉多
里维埃拉旅馆
设计主持人：Curtis W.Fentress
工程主持人：James H.Bradburn
项目监理：Jack Cook
项目企划：Jack Mousseau

花旗银行(Citibank)／花旗公司蒂那斯俱乐部(室内)
设计／竣工 1997/1999
恩格伍德，科罗拉多
西特公司地产服务
设计主持人：Curtis W.Fentress
工程主持人：James H.Bradburn
项目监理：Greg Gidez
设计队伍：Joseph Solomon,Irina Mokrova

1998

1998 鸟巢工程
设计 1998
大阪，日本
鸟巢工程执行委员会
设计主持人：Curtis W.Fentress
设计队伍：Deborah Lucking,Delia Esquivel,Todd Britton,Amy Solomon,John Rollo

3790 霍华德·休斯林荫大道
设计／竣工 1998/TBD
拉斯维加斯，内华达
霍华德·休斯公司
设计主持人：Curtis W.Fentress
工程主持人：James H.Bradburn
设计队伍：Michael O.Winters,Mark Outman,Robin D.Ault

拉里莫尔县司法中心（竞赛）
设计／竣工 1998/2000
科林斯堡，科罗拉多
拉瑞莫尔县委员会
设计主持人：Curtis W.Fentress
工程主持人：James H.Bradburn
项目建筑师：Brian Chaffee
项目监理：Greg Billingham
项目队伍：Mike Stesney,Charles Johns,Kristen Hurty,Jacqueline Wisniewski,Delia Esquivel,Chris Boal,Kristoffer Kenton

布法罗·比尔(Buffalo Bill)历史中心
设计／竣工 1998/2000
科迪，怀俄明州
布法罗·比尔历史中心
设计主持人：Curtis W.Fentress
工程主持人：James H.Bradburn
项目建筑师：Mike Miller
项目企划：Ronald R.Booth
项目监理：Mark Wagner
室内设计：Jamie LaCasse
设计队伍：Deborah Lucking,Robin D.Ault,Kristen Hurty,Cydney McGlothlin,Robert Riffel,Robert Savi,Loree Karr,Megan Walsh,Weskeal West,Jacqueline Wisniewski,Christina Cortright,Sonny Willier

马德里／巴拉哈技术服务
设计／竣工 1998/1999
马德里，西班牙
AENA
设计主持人：Curtis W.Fentress
项目建筑师和机场规划师：Thomas J.Walsh
设计队伍：Joseph Solomon，Cydney McGlothlin，
Heinrich E.Wirth

丹佛学院
设计／竣工 1998/2001
丹佛，科罗拉多
丹佛学院
设计主持人：Curtis W.Fentress
工程主持人：James H.Bradburn
项目监理：Thomas P.Theobald
设计队伍：Derek Starkenburg，Valerie Slack，Irina
MoKrova，Jim Johnson，Mark Outman

西雅图－塔科马国际机场中央航站楼扩建
设计／竣工 1998/2004
西雅图，华盛顿州
西雅图港口
设计主持人：Curtis W.Fentress
工程主持人：James H.Bradburn
项目监理：Thomas J.Walsh
项目企划：Jack Mousseau
项目建筑师：Ned Kirschbaum
设计队伍：Mike Miller，Marc Dietrick，Mark
Outman，Kristen Hurty，Robert Riffel，Deborah Lucking，
Christina Cortright，Pete Akins，Jason Loui，Robin D.
Ault，Derek Starkenburg，Todd Britton，Amy Solomon，
John Rollo

市政中心停车楼（竞赛）
设计／竣工 1998/1999
科林斯堡，科罗拉多
科林斯堡城
设计主持人：Curtis W.Fentress
工程主持人：James H.Bradburn
项目建筑师：Brian Chaffee
项目队伍：Alexa Taylor，Brent Mather

野马体育馆
设计／竣工 1998/2001
丹佛，科罗拉多
丹佛野马
建筑师：HNTB文娱体育
合作建筑师：Fentress Bradburn，Bertram A.Bruton
Associates
设计主持人：Curtis W.Fentress
工程主持人：James H.Bradburn
项目建筑师：Mark Outman
项目监理：Greg Gidez
设计队伍：Alexa Taylor，Charles Johns，Tim Geisler，
Nejeeb Khan，Rick Talley，Jack Mousseau，Felipe Pineiro，
Nathan James，Kelsi Billingham，Scott Allen，Delia
Esquivel，John Kudrycki，Mark McGlothlin，Tom
Theobald，Alex Thomé，Robin D.Ault

卢森特(Lucent)科技公司（室内）
设计／竣工 1998/2001
高地牧场，科罗拉多
朗讯科技公司
设计主持人：Curtis W.Fentress
工程主持人：James H.Bradburn
项目监理：John C.Wurzenberger，Jr.
设计队伍：Michael O.Winters，Lauren Lee，Jonathan
Coppin，Jack Cook，Rex Canady，Christina Cortright，
Delia Esquivel

史密斯，布鲁克斯，伯尔森(Bolshoun)&Co.公司
设计／竣工 1998/1999
丹佛，科罗拉多
史密斯，布卢科斯，伯尔森&Co.
设计主持人：Curtis W.Fentress
工程主持人：James H.Bradburn
项目监理：Mark Wagner
项目建筑师：Joseph Solomon
项目配合：John C.Wurzenberger，Jr

1999
研究综合体 I（科罗拉多大学健康科学中心）
设计／竣工 1999/2004
丹佛，科罗拉多
科罗拉多大学健康科学中心
合作建筑师：Kling Lindquist
设计主持人：Curtis W.Fentress
工程主持人：James H.Bradburn
项目建筑师：Jack Cook
项目监理：Jeff Olson
设计队伍：Scott Allen，Ronald R.Booth，Rex Canady，
Garret Christnacht，Antonio

科威特金融公司大厦
设计／竣工　1999／2002
科威特城，科威特
科威特经理人公司
设计主持人：Curtis W.Fentress
项目建筑师：Ned Kirschbaum
项目企划：Kristoffer Kenton
设计配合：Mark Outman

Flughafen Wien（维也纳机场）（竞赛）
设计　1999
维也纳，奥地利
维也纳市
设计主持人：Curtis W.Fentress
项目企划：Kristoffer Kenton
机场规划：Thomas J.Walsh
设计队伍：Will Moore,Brigitte Routhfuss

科隆会议中心火车站（竞赛）
设计　1999
科隆，德国
德国波恩
设计主持人：Curtis W.Fentress
工程主持人：James H.Bradburn
设计队伍：Kristoffer Kenton,Will Moore

水手梦天堂中心大楼 II
设计／竣工　1999／2001
恩格伍德，科罗拉多
约翰·马登公司
设计主持人：Curtis W.Fentress
工程主持人：James H.Bradburn
合作主持：Jack Mousseau
高级助理：Ned Kirschbaum
项目建筑师：Catherine Dunn

樱桃湾南公寓
设计／竣工　1999／2001
丹佛，科罗拉多
雷蒙德·威廉建筑集团
设计主持人：Curtis W.Fentress
工程主持人：James H.Bradburn
项目建筑师：Brian Chaffee
设计配合：Chris Boal

百老汇 421
设计／竣工　1999／2001
丹佛，科罗拉多
芬特雷斯·布拉德伯恩建筑师有限公司
设计主持人：Curtis W.Fentress
工程主持人：James H.Bradburn
设计队伍：Jim Sobey,Joseph Solomon,Jim Johnson,Natalie Lucero

M-E 工程师大楼
设计／竣工　1999／2000
惠特里，科罗拉多
设计主持人：Curtis W.Fentress
工程主持人：James H.Bradburn
项目建筑师：Robert Louden
设计队伍：Jonathan Coppin,Jamie LaCasse,Nejeeb Khan

中部加利福尼亚历史博物馆（竞赛）
设计　1999
莱雷斯诺，加利福尼亚
弗雷斯诺市及县历史学会
设计主持人：Curtis W.Fentress
工程主持人：James H.Bradburn
项目建筑师：Brian Chaffee
设计队伍：Derek Starkenburg,Nejeebkhan Rayammarakkar

科罗拉多克里斯蒂那大学（竞赛）
设计　1998
莱克伍德，科罗拉多
科罗拉多柯里斯蒂那大学
设计主持人：Curtis W.Fentress
项目建筑师：Brian Chaffee
设计队伍：Kristoffer Kenton,John Rollo,Robin D.Ault,Derek Starkenburg

2000

科罗拉多会议中心扩建
设计／竣工　2000／2004
丹佛，科罗拉多
丹佛市
合作建筑师：Bertram A. Bruton
设计主持人：Curtis W. Fentress
工程主持人：James H. Bradburn
设计队伍：Michael O. Winters, Robin D. Ault, Robert Riffel, Mark Outman, John Kudrycki, Todd R. Britton, Amy Solomon, John Rollo

卡拉马祖空中动物园（Air Zoo at Kalamazoo）
设计／竣工　2000／TBD
卡拉马祖，密歇根州
卡拉马祖航空历史博物馆
合作建筑师：Wigen Tincknell Meyer & Associates
展示设计：DMCD
设计主持人：Curtis W. Fentress
工程主持人：James H. Bradburn
项目企划：Ronald R. Booth
项目监理：Mark Wagner
设计队伍：Alex Thomé, Kristen Hurty, Sonny Willier, Melissa Parker, Jacqueline Wisniewski, Christina Cortright

杰纳斯公司园区
设计／竣工　2000／2003
丹佛，科罗拉多
杰纳斯设备
设计主持人：Curtis W. Fentress
工程主持人：James H. Bradburn
项目建筑师：Mark Outman
设计队伍：Robert Louden, Jacqueline Wisniewski, Natalie Lucero

拉夫兰警事及司法大楼
设计／竣工　2000／2001
拉夫兰，科罗拉多
设计主持人：Curtis W. Fentress
工程主持人：James H. Bradburn
项目负责人：Brian Chaffee
项目监理：Greg Billingham
设计队伍：Rick Talley, Charles Johns, Garret Christnacht, Rex Canady, Delia Esquivel, Nejeeb Khan, Jacqueline Wisniewski

首府区－东端园区
设计／竣工　2000／2002
萨科拉门托，加利福尼亚
加利福尼亚州
工程主持人：James H. Bradburn
项目建筑师：Robert Louden
项目监理：Greg Gidez
项目企划：Deborah Tan Lucking
设计队伍：Carl Goodiel, Deborah Goodiel, Felipe Pineiro, Rick Talley, Brad Wonnacott, Chris Boal, Rex Canady

科罗拉多州首府逃生安全系统更新
设计／竣工　2000／2005
丹佛，科罗拉多
科罗拉多州
设计主持人：Curtis W. Fentress
工程主持人：James H. Bradburn
项目监理：John C. Wurzenberger, Jr.
设计队伍：Brian Chaffee, Jim Johnson, Rofael Espinoza, Jason Loui, Joseph Solomon

切里希尔社区教会礼拜堂
设计／竣工　2000／2002
高地牧场，科罗拉多
切里希尔社区教会
设计主持人：Curtis W. Fentress
工程主持人：James H. Bradburn
设计队伍：James A. Sobey, Derek Starkenburg

萨克拉门托摩天大厦A座
设计　2000
萨克拉门托，加利福尼亚
大卫·泰勒
设计主持人：Curtis W. Fentress
设计队伍：Mark Outman

科罗拉多历史博物馆扩建
设计　1998，2000
丹佛，科罗拉多
科罗拉多历史学会
设计主持人：Curtis W. Fentress
工程主持人：James H. Bradburn
设计队伍：Haia Ghalib, Kristoffer Kenton, John Rollo

致　谢
Acknowledgments

　　书中所列举的设计项目的成功是大家努力的结果，衷心感谢所有和我合作和共事的人们。这本书是大家合作的结果。特别感谢以下各位对本书的出版所做的贡献：沙尔·托尼，泰米·瑟尔和丽萨·希尔莫负责了照片和图片的协调工作；瓦·莫斯执笔；还有凯恩·基伯特，他对芬特雷斯·布拉德伯恩事务所的作品的广泛、深入的理解对我们的帮助是无可估量的。当然这本书也包含了其他很多人的努力，包括建筑师芬特雷斯，迈克·温特夫妇，迈克·奥特曼，奈德·柯茨鲍姆，索姆·沃尔什，杰弗·奥尔森，布莱恩·查斐，迪伯尔·拉金，迪莱克·斯达肯伯戈，斯柯特·艾伦，罗宾·阿尔特和柯利斯托弗·肯顿，以及信息技术专家莱斯·斯达特。他们的努力受到了人们的一致好评。我们还要感谢图像出版集团的艾利斯纳·布卢柯斯和鲍尔·莱希姆，他们将我们的这本书收入到这一系列的专著中，感谢他们在整个过程中对我们的指导与支持。瑞尼·奥特曼负责了拷贝的编辑。图像工作室的罗德·基伯特和安东尼·劳德在整个制作过程中非常认真，并提出了很多有效的方法。